输电塔线抗风性能评估及加固技术

祝　贺　程艳秋　著

科学出版社

北　京

内 容 简 介

本书系统地介绍了输电塔线风荷载作用下的抗风性能及加固技术。全书共 12 章，包括输电塔线体系建模基本方法，输电线路塔线动力风荷载模拟与计算，输电塔风致动力响应分析及不确定性因素影响分析，基于规范、良态风速谱、台风风速谱的输电杆塔风致响应对比分析，输电塔线模型修正算法，输电塔抗台风性能评估方法，输电塔全场应力在线监测系统设计及安装调试，输电塔抗风局部加固措施研究，输电塔抗台风性能评估、风险评估与在线预警算法及程序，输电塔全场应力在线监测系统应用，核惠线全线抗台风性能评估。

本书可作为电气工程学科输电工程方向硕士、博士研究生的学习资料，也可供电气工程相关专业技术人员参考。

图书在版编目(CIP)数据

输电塔线抗风性能评估及加固技术/祝贺，程艳秋著.—北京：科学出版社，2019.10

ISBN 978-7-03-062481-9

Ⅰ. ①输… Ⅱ. ①祝… ②程… Ⅲ. ①输电线路—线路杆塔—抗风结构—加固 Ⅳ. ①TM754

中国版本图书馆CIP数据核字(2019)第210965号

责任编辑：吴凡洁　王楠楠 / 责任校对：王萌萌
责任印制：吴兆东 / 封面设计：无极书装

科学出版社 出版
北京东黄城根北街 16 号
邮政编码：100717
http://www.sciencep.com

北京凌奇印刷有限责任公司 印刷
科学出版社发行　各地新华书店经销

*

2019 年 10 月第　一　版　开本：720 × 1000　1/16
2020 年 6 月第二次印刷　印张：10 1/4
字数：190 000

定价：88.00 元
(如有印装质量问题，我社负责调换)

前　言

　　输电塔是一种工程量巨大且重要的高耸结构。作为重要生命线工程的电力设施，输电塔线系统的破坏将导致供电系统的瘫痪，这不仅严重影响电力供应，还会引发火灾等次生灾害，给社会和人民生命财产造成严重的后果。强风环境引起输电塔结构的各种动力响应是影响塔正常运行和导致倒塔事故的主要原因。

　　为解决上述问题，本书着重介绍输电塔线体系建模修正和动力风荷载模拟与计算；输电塔风致动力响应及不确定性因素影响分析；基于规范、良态风速谱、台风风速谱的输电杆塔风致响应对比分析和输电塔抗台风性能评估方法；输电塔全场应力在线监测系统软硬件设计等内容。

　　本书基于输电塔线体系设计、施工及巡检资料，建立输电塔线体系结构的力学模型；基于结构风工程理论和台风实测数据，建立静动力台风荷载计算模型；利用输电塔在线监测系统的监测数据修正计算模型，将修正后模型的计算结果与监测数据进行对比，从而验证模型的适用性；利用上述风致响应计算模型进行风致响应分析，研究输电塔线风致灾变机理，建立一套输电线路铁塔抗风性能评估体系，在理论研究和实验监测的基础上，结合历史大数据、在线监测数据和风险评估理论，确定目标输电线路的抗台风性能等级；基于结构可靠度分析理论和概率理论，给出台风作用下输电塔线体系失效可能性的描述方法和实用计算方法，在此基础上，考虑所有影响线路抗台风能力的关键因素，制订输电线路铁塔抗风风险评估标准，并对输电线路进行风险评估；基于上述理论研究，分析结构薄弱位置，进而开展针对输电塔线体系抗台风能力的补强加固方法的理论仿真及试验对比研究，最终对输电塔线抗风性能进行评估。本书内容理论性强，作者在多年教学、科研工作中，结合实际工程需求，注重理论联系实际，力求用简洁的数学物理方法求解实际工程问题，尽量避开烦冗的公式推导和数据分析。

　　本书由祝贺、程艳秋撰写。全书共分为 12 章，第 1、2、10、11、12章由程艳秋执笔，第 3～9 章由祝贺执笔。本书撰写依据国内外现行的新标准、新规范，结合了吉林省输电工程安全与新技术实验室近年来的科研成果，并融合了作者教学及科研方面的经验。本书在撰写过程中得到了中国南方电网和东北电力大学共建联合实验室的大力支持，谨在此对实验室人员表示衷心的感谢。

由于作者水平有限，书中难免存在不足之处，敬请广大读者批评指正。

祝　贺　程艳秋

2019 年 6 月于东北电力大学

目　录

第1章 绪 论

1.1 背景及意义

改革开放以来，我国电力工业得到飞速发展，与世界发达国家的差距逐步缩小。1996~2002年，我国新增发电装机容量137GW，年均19.57GW，占世界新增发电装机容量的30%左右，居世界首位。2002年，我国发电量达1571.65TW·h，发电装机容量达到354GW，均居世界第二位，仅次于美国。500kV输电线路逐步成为我国各电网的主干线路。但同时，500kV输电线路的累计倒塔次数和倒塌基数也呈现越来越大的趋势。例如，1989年8月13日华东500kV江斗线镇江段4基输电塔倒塌；1998年8月22日华东500kV江南Ⅰ线江都段4基输电塔倒塌；2005年4月20日，位于江苏盱眙的同塔双回路500kV双北线发生风致倒塔事故，一次倒塌8基输电塔，造成非常严重的经济损失；2005年6月14日，国家"西电东送"和华东、江苏"北电南送"的重要通道——江苏泗阳500kV任上5237线发生风致倒塔事故，一次性倒塌10基输电塔，造成大面积的停电，大风同时造成邻近的500kV任上5238线跳闸，两条线路同时停止输电。2005年这两次500kV输电塔发生的风毁事故，给华东电网造成了非常严重的影响，两次500kV输电塔倒塌的典型照片如图1-1所示。

近年来中国南方电网所辖两广及海南地区强台风频繁侵袭，最大风力屡创新高，沿海地区输电线路遭到不同程度的破坏，导致大面积停电，严重影响电力系统的安全稳定运行。2008年至今，深圳电网受"鹦鹉"等18轮强台风影响，44回输电线路发生风偏跳闸77次，配电线路倒杆12基，给电网安全、正常、稳定运行带来极大挑战，然而，深圳地处亚热带，属热带气旋影响的高发区，输电塔线风致灾变机理复杂。因此，急需通过对输电塔线抗风计算方法以及输电塔线风致灾变机理的研究，提出针对性的抗风加固措施，进而提高抗台风能力。

(a) 2005年04月20日双北线191号塔的破坏

(b) 2005年04月20日双北线190号塔的破坏

(c) 2005年06月14日任上5237线402号塔的破坏

(d) 2005年06月14日任上5237线408号塔的破坏

图 1-1　500kV 输电塔倒塌照片

1.1.1　输电塔线抗风计算方法存在的问题

大跨越输电塔线体系作为国家一种重要的生命线工程电力设施，其体系的安全直接关系到国家电网运行的可靠性。随着我国高压、特高压输电网络的规模化发展，输电塔线体系在结构上日益具有杆塔高耸、多回路、跨距大、导线截面粗大、柔性强等特点。导地线和绝缘子串之间的几何非线性以及塔线之间、塔与基础之间的耦合作用，在风荷载作用下的动力反应较为显著，而风荷载作用极其频繁，并具有很强的随机性，容易使输电塔发生振动疲劳和动力失稳等现象。因此，对于大跨越输电塔线体系这类高柔结构，风荷载是一种极其重要的设计荷载，甚至起着决定性的作用。

《110kV～750kV 架空输电线路设计规范》(GB 50545—2010)中，对于输电塔、导地线风荷载的计算，采用了拟静力的计算方法，即将动力风荷载以风振系数的形式等效为静力风荷载，没有充分考虑风荷载的脉动效应。由于导地线、绝缘子串的几何非线性，导地线在脉动风作用下会产生时变的动张力，动张力传到输电塔上使输电塔发生位移，与输电塔在风荷载作用下的位移相叠加，而输电塔振动又会使导线发生位移，使得导线内的张力进一步发生变化，从而使得塔线之间存在着复杂的耦合作用。而我国规范将输电塔和输电线分开计算其风荷载，将导地线上的荷载当作外荷载作用在输电塔上，并没有考虑塔线之间的耦合作用。

1.1.2 输电塔线风致灾变机理存在的问题

高压输电线路作为一种风灾易损结构物，其结构形式相对复杂，表现出较强的材料非线性和几何非线性，风荷载作用下结构极限状态方程的确定较为困难，相应的结构动力响应分析和抗风性能分析也比较复杂，对其进行风灾易损性分析具有一定的难度，目前相关研究成果较少。因此，以高压输电塔为研究对象，进行风灾易损性分析，研究输电塔线风致灾变机理尤为重要。

研究输电塔线风致灾变机理时，基于结构风工程理论和台风实测数据，建立的输电塔线体系静动力台风荷载计算模型与基于监测数据的模型修正技术得到的基准计算模型不够精确。采用通用软件 ANSYS 建立输电塔的有限元模型，通过动力分析得到的输电塔杆件的动应力、临界荷载的精确性与适用性还有待提高，同时该方法本身的复杂性导致其很难应用于实际工程设计中。现场实测数据能够真实反映输电塔线体系的动力特性和风振响应，但是由于现场实测工作耗时较长且费用较高，目前关于现场实测的研究数据十分有限。对输电塔线体系进行风洞试验研究其动力特性时，由于塔线体系风洞试验中模型设计难以同时满足相似定律和风洞尺寸要求，关于输电塔线体系的风洞试验研究数据也较少。精准地解决输电塔线风致灾变机理存在的问题，可为输电塔线体系的优化设计研究及输电塔线体系抗风性能评估提供完整的理论基础。

1.1.3　输电线路铁塔抗风性能评估的重要意义

（1）研究输电塔线风致灾变机理及输电线路抗风性能评估方法，建立可靠的输电线路铁塔抗风性能评估体系，可明确辖区现有输电线路的抗台风性能等级，全面掌握线路抗风能力，并为新建线路提供设计建议。

（2）制订输电线路铁塔抗风风险评估标准，考虑所有影响线路抗台风能力的关键因素，从而对输电线路进行风险评估，可以更加客观、科学地反映台风侵袭时输电线路的安全水平，为电网运行和调度提供决策依据。

（3）对抗风能力不足的杆塔结构开展输电塔局部补强研究，可显著提高现有输电线路的防风能力，提高线路防灾水平。

（4）开发输电塔全场应力在线检测系统，结合气象数据可为风致倒塔事故的发生提供预警，计划停电可减少线路受损导致的大面积长时间停电，减少间接损失，降低社会影响。

1.2　输电线路抗风计算及输电塔线风致灾变机理发展概况

1.2.1　输电线路抗风计算方法发展概况

Ozono 等[1]考虑塔-线跨数、边界条件、导线质量和垂跨比等因素对塔线体系动力响应的影响及塔线耦联效应。Paluch 等[2]采用实测数据统计与数值模拟分析相结合的方法，对建设中的海岛大跨越进行了谱分析和动力响应评价。楼文娟等[3]建立了考虑风与结构耦合作用的风振响应模态分析方法，采用拟单自由度法确定了不同风速下风与结构耦合作用所产生的气动阻尼。郭勇等[4]对舟山大跨越输电塔线耦合体系的顺风向风振响应进行了时域分析，将输电塔的响应分解为共振分量和背景分量，并考虑了输电线对两分量的影响，进一步提出了塔线体系的简化计算方法。阎启等[5]给出了台风"韦帕"经过时，在典型的农村地貌上进行的多点边界层风特性以及风致输电塔振动的实测结果；基于风速数据，重点分析了风特性各项参数的空间均匀性，包括平均风速和风向、脉动风谱、竖向衰减系数以及水平相干性等；采集了输电塔横担和塔头塔身连接处垂直线路方向的振动加速度；基于振动数据，应用 Hilbert-Huang 变换方法识别了输电塔垂直线路方向第 1、2 阶模态的自振频率和阻尼比。欧郁强[6]为了准确研究沿海地区台风特性和强(台)风荷载下的输电塔力学性能,基于现场实测台风"海鸥"经过时的风场记录时间序列,分析了台风"海鸥"的风参数特性,监测强(台)风作用下杆件应变,对杆件应力状态进行分析,采集输电塔沿线路方向和垂直线路方向的加速度时程。

自20世纪80年代以来,可靠度理论在结构设计和规范中的应用得到了很大发展。该理论是在采用概率的方法描述结构的安全性,并且综合考虑荷载工况、材料性能、几何尺寸、计算方法等不确定性的基础上,提出的一种判别不同结构的安全性的统一尺度衡量标准。中国、美国、欧洲、加拿大、日本等国家和地区的设计规范都采用了基于可靠度的设计方法,其应用也涵盖了建筑、桥梁、港口、铁路、水工等领域。国外一些电力系统的设计规范正向基于可靠度理论的设计方法过渡,其中最具代表性的规范有:美国全国用电安全条例《美国国家电力安全规范》(C2—2002)和《输电线路结构荷载设计导则》(ASCE 74—2009)、加拿大规范《高架线路系统》(CSA C22.3 No.1—2001)、欧洲规范《超 AC45kV 架空输电线路》(EN50341-2—2001)、国际标准《架空输电线路设计标准》(IEO606826—2003)等。早在80年代初,美国学者 Dagher 等[7]就提出了基于可靠度理论的输电塔线设计方法,但由于理论条件不够,该方法的应用受到很大制约。印度 Anna 大学的 Alam 等[8]基于风荷载和构件抗力同为变量的假设,进行了输电塔体系可靠度的分析与研究。Visweswara[9]也对输电塔进行了深层次可靠度理论研究,并提出了模糊优化设计的概念。相对国外的输电塔体系可靠度研究,我国相关理论发展较晚。石少卿等[10]首先根据 Natarajan 的相关文献,研究了极值型风荷载作用下大型塔架结构的可靠性。马人乐等[11]以 345.5m 高的500kV 江阴长江大跨越输电塔为例,并结合节段模型静力试验,较为系统地进行了大型输电塔塔架结构体系可靠性的研究。同时,李杰教授团队[12]通过概率密度演化方法,进行了风荷载作用下输电塔结构动力可靠度的分析。根据近 20 年的倒塔统计,重庆大学的李茂华团队[13]针对国内已建成500kV 大型输电塔,同样进行了体系可靠度分析。李宏男教授团队[14]则进行了输电塔杆塔设计强度和疲劳的可靠性研究。近年来,中国电力科学研究院杨靖波等也针对风荷载下的±800kV 级直流线路杆塔可靠度进行了研究,并发表了多篇相关文章。此外,李宏男、贡金鑫教授团队[15]建立了结构构件可靠度指标与安全系数的关系式,并提出一套完整的输电线路可靠度计算的四层次子体系递归计算方法。虽然，可靠度理论已在设计规范中有所体现，但是如何更加合理地将输电塔线体系简化为可靠度传递体系还有待进一步研究和发展。此外，如何在可靠度理论中考虑结构的动力效应，也是科研人员未来研究的方向。

1.2.2　输电塔线风致灾变机理发展概况

国外对于结构风灾易损性的研究工作开展得较早，取得了一定的研究成果。Cope 等[16]针对美国某地区的木结构房屋展开了风灾易损性研究，该研究首先通过 Monte Carlo 模拟确定出结构的破坏状态，然后通过统计分析得到该类结构处于特定破坏状态的概率密度函数，最后计算得到结构的超越易损性曲线；Unanwa 等[17]假定构件抗力服从对数正态分布规律，然后采用规范的方法计算出相应风荷载，利用可靠度理论研究了构件的风灾易损性；Zhou 等[18]采用风洞试验得到的结果数据确定出了构件承载力的相关概率模型，同时假定利用规范方法得到的风荷载表达式中的所有参数均服从正态分布规律，然后通过 Rackwitz-Fiessler 方法计算得到了木质结构的风灾易损性曲线；Holmes[19]假定风荷载为定值，将结构失效概率的计算公式通过一系列推导过程简化为构件抗力的概率分布形式，最后计算得到结构的风灾易损性曲线；Pinelli 等[20]基于一阶可靠度分析方法计算了木框架住宅围护结构的失效概率，并研究了该类型结构的风灾易损性；Khandur 等[21]引入了表示风速大小和平均损失率之间关系的风灾易损函数来研究结构的风灾易损性，该函数主要由风场的性质和经济损失的具体数据来决定，同时受到风与结构的相互作用、结构破坏程度的统计、各地区建筑结构规范、区域经济条件等因素的影响；Henderson 等[22]假定构件的连接强度和风荷载各项系数的概率分布类型均为对数正态分布，在不同的风速范围内，运用结构可靠度的方法计算得到各个构件的失效概率，从而得到构件的风灾易损性曲线；Porter 等[23]提出了一种从概率意义上考虑风荷载效应和构件抗力的进行构件风灾易损性研究的方法，然后再由构件的易损性确定出结构的整体易损性。

目前国内学者对于结构风灾易损性的研究还处于初期阶段。在我国的防灾减灾领域中，土木工程结构的抗风研究起步较晚，开展的时间不长，尚缺乏风灾损失的相关资料，因此科研人员对于土木工程结构风灾易损性的评估研究工作开展得较少，研究的对象也是一些结构形式相对简单的广告牌、低矮房屋、轻型钢结构等。申晓明等[24]，通过进行大量的时程分析，得到了广告牌结构的风灾损伤评估标准，然后采用神经网络方法得到了广告牌结构的损伤程度与致灾因子的关系，最后建立了汕头市风灾易损结构物的损伤评估系统；郑小宇[25]采用计算流体动力学软件 Fluent 计算得到了低层民居表面风压系数的分布规律，然后对该类结构在台风作用下的破坏模式进行了统计和分类，并由此定义了结构的破坏状态，之后在不同风速和风向角下，基于 Monte Carlo 方法计算得到了低层民居主要围护构件的失效概率，在此基础上，对该类结构的风灾易损性进行了初步研究。

1.3　输电塔线抗风性能评估及加固技术主体内容

本书在对输电塔线风致灾变机理及部分台风灾害事故频发的线路进行在线监测研究基础上，建立输电线路铁塔抗风性能评估系统，对线路的抗风能力进行评估；研发相应的输电线路局部补强技术，以提高输电线路的整体抗台风性能。本书提出的输电线路铁塔抗风性能评估体系和方法可以准确客观地评价架空输电线路的抗台风性能等级，全面掌握线路防风水平，并找到线路抗风薄弱环节，为供电公司决策提供依据，减少因风灾而引发的人力、物力和财力损失。

输电塔线体系建模基本方法包括：①输电塔结构特点；②输电塔线建模基本方法研究；③利用 ANSYS 建模的具体过程研究；④输电塔线模型展示研究。

动力风荷载模拟包括：①良态风和台风脉动风场的基本特性研究；②脉动风速模拟方法研究；③输电塔的脉动风速时程模拟研究；④输电塔线的动力风荷载计算。

输电塔风致动力响应分析及不确定性因素影响分析包括：①输电塔结构的动力特性分析；②不确定性因素对输电塔风致动力响应的影响。

基于规范、良态风速谱、台风风速谱的输电杆塔风致响应对比分析包括：①基于设计规范的输电塔风致响应分析；②基于动力时程分析的输电塔风致响应分析。

输电塔线模型修正算法包括：①模型修正算法流程分析；②输电塔线模型修正算例研究。

输电塔线抗台风性能评估方法包括：①输电塔线抗台风性能评估基本方法和算法研究；②输电塔线抗台风风险评估方法研究；③近似概率计算方法

(信度计算模型)研究；④输电塔结构抗力计算及校核程序研究。

输电塔全场应力在线监测系统设计及安装调试包括：①监测系统总体架构设计；②数据传输方案研究；③传感器安装、测点布置、走线方案研究；④数据采集箱及太阳能装置安装方案研究；⑤系统综合调试情况研究；⑥终端监测软件数据展示分析。

输电塔抗风局部加固措施包括：①实用的抗风加固方法及具体施工措施；②加固研究内容及技术路线。

输电线路铁塔抗台风性能评估及预警算法包括：①输电塔静动力分析算法程序研究；②考虑几何非线性的输电导线分析算法研究；③台风荷载模拟算法研究；④抗台风性能评估算法研究；⑤抗台风风险评估算法；⑥输电塔危险状态预警算法。

1.4　主要难点及解决方案

1. 输电线路在线监测技术

解决思路：本书将稳定性作为监测系统各设备选型及系统集成的首要原则，采用多种传感器与现场数据采集单元有线数据同步传输、现场数据采集单元间及其与远程监控中心间无线数据传输的方式解决现场布线困难的技术难题；采用太阳能+蓄电池的供电方式解决设备供电的技术难题。为保证监测系统稳定可靠，其实施分三步进行：①在实验室内进行系统集成和调试；②在模型塔上进行安装调试和试运行；③在输电塔上进行安装调试和试运行。

2. 输电塔线体系精细化建模及分析技术

解决思路：输电塔线体系精细化建模及分析是研究输电线路风致响应和进行输电线路抗风性能评估及加固设计的基础。本书基于监测数据修正模型中的不确定性参数，最终得到校准的基准分析模型，解决了输电塔线结构及所处复杂环境导致的输电塔线建模过程存在不确定性因素的技术难题。

3. 台风荷载模拟技术

解决思路：台风荷载模拟不确定因素很多，本书对多种台风模拟方法进行比较分析，得出最不利台风模拟方式，为输电塔线抗风性能等级评估提供技术支持。

4. 台风作用下输电塔线失效模式研究

解决思路：台风荷载的大小和方向不同，将导致塔线体系呈现不同的失效模式，每个失效模式对应的危险杆件也不相同，因此需基于失效模式计算对应的失效概率。

解决方案：将台风荷载大小分级，并与多种荷载方向和多种加载方式进行组合，计算每种组合下对应的失效模式，进而确定主要的失效模式，为输电塔线抗台风性能评估及风险评估提供技术支持。

5. 输电塔抗风加固方法研究

解决思路：输电塔抗风加固方法需经济实用且有效，为了评定加固方法的性能，本书对多种输电塔抗风加固方法进行仿真分析和试验研究，经过对比，得出最优的加固方法。

第 2 章 输电塔线体系建模基本方法

2.1 输电杆塔结构特点

输电杆塔结构作为输电线路的重要组成部分,起着支撑和架空电力线的作用,实现它们各自不同的功能,保证电能安全可靠地输送到电网和用户。随着电压等级的增多,杆塔的型式不断地扩充;随着电压等级的增高,杆塔的高度也在不断地增加。在架空线路长度增加和输电电压增高的情况下,铁塔逐渐成为输电线路杆塔的首选型式。

铁塔按照在线路中的用途,主要分为直线杆塔、耐张杆塔、转角杆塔、换位杆塔、跨越杆塔、终端杆塔六类;按照结构型式和受力特点,铁塔可分为靠自身基础维持稳定性的自立式铁塔和靠拉线维持整体稳定性的拉线式铁塔两种。拉线式铁塔常用于电压等级不是很高的输电线路,自立式铁塔在高电压输电线路中应用较广。

根据电压等级、回路数、地形地质条件和使用条件等的不同,铁塔会选用不同的塔型。铁塔结构一般为角钢构件之间以螺栓连接构成的空间桁架结构体系。

铁塔的结构主要分为塔头、塔身、塔腿三个部分。塔身部分一般为台型四棱锥,塔腿为 4 个四棱锥,塔头部分结构最复杂,种类最多,包括酒杯型、干字型、克里姆型、猫头型,塔头是铁塔在外观上最大的区别之处。

铁塔的角钢构件按照布置位置和功能可分为三类:处于铁塔四边的主材;处在铁塔平面桁架结构中的斜材和辅材;处于铁塔内部横隔位置和其他水平位置的水平材(水平布置的斜材和辅材)。主材起支撑作用,斜材和辅材通过连接主材增加铁塔的结构强度。

2.2 输电塔线建模的基本方法

输电塔线建模的基本方法是有限单元法。有限单元法把求解区域看作由许多小的节点处互相连接的子域(单元)构成,其模型给出基本方程的大单元的近似解。因为单元可以被分割成各种形状和不同尺寸,所以无论多么复杂的几何形状、边界条件以及材料特性利用这种方法都可以满足，再加上有成熟的大型软件系统支持，有限单元法已经成为广受欢迎、使用广泛的数值计算方法。

有限单元法在具体应用时有两种方式。比较常用的方式是利用成熟的有限元分析软件进行建模和分析。目前成熟的有限元分析软件有很多，如 ANSYS、MIDAS、SAP2000、ABAQUS、道亨等，其中 ANSYS 可采用命令流编程方式建模，而且可与 MATLAB 进行联合编程，非常适合结构分析和科学研究，因此本书选择 ANSYS 软件进行建模。不过利用成熟的有限元分析软件进行建模和分析也存在一些问题，最突出的问题是不能将模型封装成独立的算法程序，而且单元类型也受到限制，连接的弹性处理较难实现。考虑到上述问题，本书在常规 ANSYS 建模的同时，利用第二种方式，即基于有限元分析原理，利用 MATLAB 自行编写输电塔线的有限元分析程序，这种方式灵活性及可控性极高，而且模型可被封装为独立的算法包，这就为本书后续的软件开发奠定了基础，而直接利用 ANSYS 建模则无法做到这一点。但 ANSYS 建模可对本书自行编写的 MATLAB 输电塔线分析程序进行对比校核，另外在前期分析研究过程中，利用 ANSYS 建模也是非常方便的。

2.3　利用 ANSYS 建模的具体过程

观察输电线路中各个铁塔实际结构并分析其结构图，铁塔各部分都具有对称和重复的结构，同一型号铁塔的塔头部分相同，按照呼称高的不同组合不同的塔身和塔腿。不同型号的铁塔虽然塔头部分结构不同，但是塔腿和塔身部分的结构相近或相同。不同铁塔的结构具有相似性，结构相近及相同的部分可以用相同的拓扑结构描述，以铁塔各部分的尺寸参数为变量，定义各变量的关系，建立铁塔各部分不同结构型式对应的参数化模型。

2.3.1　输电塔建模

本节根据实际结构的整体框架、几何尺寸，应用有限元分析软件 ANSYS 对模型进行合理的简化，对模型进行参数化(包括材料的参数、构件之间的连接和约束情况、荷载的施加、网格离散情况)，建立多种尺度的多个模型，基于应用要求进行输出量对比，最终选取满足应用要求的最大尺度的模型。

实际输电塔结构各杆件之间一般通过螺栓连接，在对其杆件单元进行模拟时，通常为了方便处理采取用 LINK 单元来模拟各杆件，这样的处理是把输电塔结构理解成了桁架结构，认为杆件之间只有轴力，但是实际上结构杆件之间不仅存在轴力，而且还存在剪力和弯矩作用，考虑到这些因素，采用BEAM188 空间梁单元来模拟各杆件单元，因为 BEAM188 空间梁单元既可以模拟沿节点坐标系 x、y、z 方向的平动位移又可以模拟绕 x、y、z 轴的转动位移，这些分别对应三个集中力和三个弯矩的六个节点力，模拟情况与实际工况相符合。所以，这里采用 BEAM188 空间梁单元来模拟结构中的各个杆件。

这里采用 BEAM188 空间梁单元，用 ANSYS 读取命令流.txt 文件，赋予杆件属性，建立某输电塔结构和输电塔线的有限元模型，如图 2-1、图 2-2 所示。

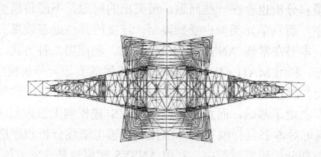

图 2-1　输电塔结构有限元模型

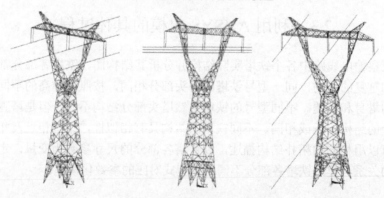

图 2-2　输电塔线有限元模型

2.3.2　输电导线建模

输电导线是一种典型的悬索结构。悬索结构在张拉前是松弛的，在外荷载的作用下可产生较大的位移，在对悬索结构进行找形前无法对其加载后的结果进行准确的分析和运算。而通过找形，可以赋予悬索结构在初始状态下的应力和位移，即得到悬索结构的初始位置，这样就可以用于各种分析计算。

因此，找形是对悬索结构进行各种静动力分析很重要的一步。同样，在对输电塔线体系进行动力分析之前也需要对导线进行找形分析。鲁元兵等[26]提出采用 V 形虚曲线（满足线长与找形后的线长长度相等）来对导线进行找形。孟遂民等[27]以某跨越档为例，分别对导线在自重和覆冰荷载下进行找形，着重分析了非均匀荷载作用下两种方法找形的差异。贾玉琢等[28]提出通过改变导线的弹性模量对其进行找形，找形后恢复原来的弹性模量。而本书采用重力自平衡找形法对导线进行找形，对导线施加初应变、重力加速度，通过静力求解进行迭代，直到导线在重力作用下的几何形状与理论值的误差满足工程要求，不需要改变导线的弹性模量和计算导线的线长，这样可以更快地找到导线的初始状态。

1）输电导线找形的原理

输电导线的档距比导线的截面尺寸大得多，即整档架空线的线长要远远大于其直径，同时架空线又多采用多股细金属线构成的绞合线，所以架空线的刚性对其悬挂空间曲线形状的影响很小。为使问题简化，一般对架空输电导线进行计算时采用的假设如下：①导线是柔性索链，只能承受拉力而不能承受弯矩；②导线材料符合胡克定律；③在不计风荷载、冰荷载下的前提下，导线的荷载沿其线长均匀分布。根据这些假设，悬挂在两基杆塔间的架空线呈悬链线形状。

2）输电导线在 ANSYS 中的模拟

输电导线是悬索结构的一种，在初应力和重力的作用下，输电导线的形态理论上是悬链线形状，最大弧垂由导线的竖向比载和导线弧垂最低点处的水平应力决定。输电导线是只能受拉、不能受压的柔性索链，所以在 ANSYS 中选择用来模拟悬索结构的 LINK10 单元来模拟输电导线。LINK10 单元独一无二的双线性刚度矩阵特性使其成为一个轴向仅受拉或仅受压的杆单元。使用仅受拉选项时，如果单元受压，刚度就消失，以此来模拟缆索的松弛或链条的松弛。LINK10 单元具有应力刚化、大变形功能，因此用 LINK10 单元来模拟输电导线是十分准确的。

输电导线采用 LINK10 单元进行模拟，根据导线的悬链线方程建立导线的几何模型，同时对导线施加初应变、重力加速度，打开几何非线性及应力刚度选项，通过数学物理方法进行迭代，直到导线的几何形状与理论误差满足要求。由于输电导线的计算的非线性，它的每一次求解都依赖于上一阶段的结构形状，所以求得初始的位移形状是很重要的。也就是在对导线施加外荷载以前首先要准确求得导线的空间位置以及相应的内力，这就是要进行导线找形的原因。找形过程见图 2-3。

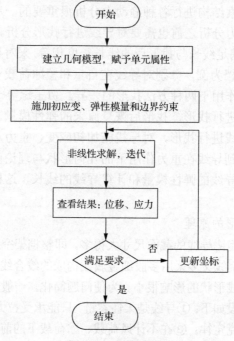

图 2-3　找形流程图

2.4　输电塔线模型展示

输电塔线模型如图 2-4～图 2-9 所示。

图 2-4　输电塔有限元模型图

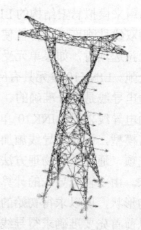

图 2-5　输电塔有限元模型加载示意图

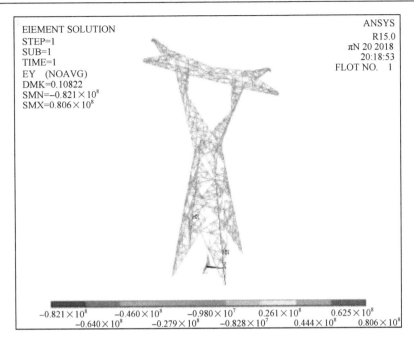

图 2-6　输电塔全塔应力计算结果示意图

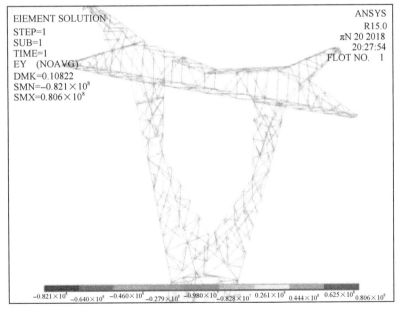

图 2-7　输电塔上部应力计算结果示意图

图 2-8　输电塔线建模及找形结果全景示意图

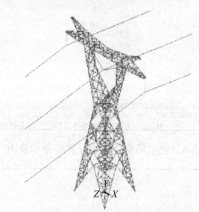

图 2-9　输电塔线建模及找形结果局部示意图

第3章 输电线路塔线动力风荷载模拟与计算

在输电线路风荷载计算方面，我国和国外的设计标准依据历史与经验各有特色。目前已有一些文献对我国和国外的杆塔设计标准的差异进行了论述，下面进行简要总结。

美国标准、欧洲标准线路设计中风荷载计算以风工程理论为依据，充分考虑了阵风效应，因此其设计风速即其耐受风速，例如，美国标准按 60m/s（3s 时距，33ft（1ft=3.048×10^{-1}m）高）风速设计的杆塔在设计使用条件下最大可抵御一个在 10m 高，3s 阵风最大为 60m/s 的风灾，亦即当一个风灾 10m 高、3s 阵风风速远大于 60m/s 时，按此设计的铁塔被破坏倒塌是很可能发生的，当风灾为 10m 高、3s 阵风风速小于 60m/s 时，此铁塔倒塌的可能性不大。

与美国标准、欧洲标准相比，中国设计标准中阵风效应考虑得并不充分，但采用的风荷载包含安全系数（分项系数），按中国现行标准，一个 35m/s（10m 高 10min 平均值）风速设计的铁塔不一定仅能承受 10m 高、10min 平均风速为 35m/s 的大风，这是因为其设计过程中需乘以 1.54 的分项系数，但按中国标准设计的铁塔一般也无法承受一个风速为设计风速 1.24 倍（相当于风荷载 1.54 倍）的风灾，这是因为在风荷载计算中未充分考虑阵风效应。

输电线路的可靠水平主要由原建设设计标准决定，标准主要由当时社会经济发展水平、技术发展水平与技术政策决定，而技术政策与国民经济发展及社会需求从来是密切相关和相互适应的。改革开放以来，我国国民经济发生了翻天覆地的巨大变化，电力工业也得到快速的发展，国内建成并投运了大量电力设备，特别是输电线路。随着国家经济实力的不断增强、工程技术人员水平的提高及工程经验的积累，我国输电线路行业的设计标准也经历了多次修编：从《架空送电线路设计技术规程》（SDJ3—1979），《110kV～500kV 架空送电线路设计技术规程》（DL/T 5092—1999），《110kV～750kV 架空输电线路设计规范》（GB 50545—2010）到中国南方电网专门针对台风制订的企业标准《南方电网沿海地区设计基本风速分布图》（2014 年颁布实施，2017 年修编），《南方电网公司输电线路防风设计技术规范》（2013 年颁布实施，2016 年修编），架空输电线路设计标准的防风能力逐步提高。

由于输电线路的建设年代不一，采取的设计标准也不一样，现有的线路存在防风能力不一致的情况，越早建设的线路，防风能力普遍越低。从 2011 年起，中国南方电网组织开展了《输电线路杆塔阵风荷载力学计算研究》等书的编写，在国内首次对台风特性及其对输电线路的影响进行了有针对性的研究，形成了丰富的成果，并在此研究的基础上，进一步制订了风速分布图和防风设计规范，加强对新建线路的防风技术指导，有效地提高了南方电网沿海区域输电线路抵御台风的能力。

由于线路风荷载计算中对安全系数(分项系数)与阵风效应(风荷载调整系数)的考虑不同，按不同时期标准设计的相同设计风速线路风荷载水平也并不相同，特别是阵风效应计算。我国不同时期线路标准对阵风效应及阵风系数、风振系数的考虑相差极大(阵风系数与风振系数均值在 1～2)且至今并非精确推导，因此依据我国标准设计的杆塔，其具体耐受风速并不能简单地从设计风速获得，不同设计标准下的杆塔结构需要一个充分考虑阵风效应的计算方法予以评价。

风荷载为动力风荷载，根据结构动力学和风工程理论可知，风荷载作用下输电塔线的动力响应除了与 10min 平均风速、阵风最大风速有关，还与风荷载的频谱特性及输电塔的动力特性密切相关。目前常用的动力分析方法有两种：频域分析法(反应谱法)和动力时程分析法。由于输电塔线体系具有较强的几何非线性，采用动力时程分析法更为精确，另外动力时程分析法可以得到输电塔响应随时间的变化情况，因此其输出信息较频域分析法更为丰富。另外，在动力时程分析过程中，允许某些杆件进入塑性，而频域分析法只在弹性范围内适用。但动力时程分析法对于工程技术人员而言难度较大，可操作性低。本书拟将动力时程分析过程封装为软件程序，使用程序时，工程技术人员只需输入关键的控制参数，程序即可自动进行动力时程分析和结果输出[29-35]。

3.1　良态风和台风脉动风场的基本特性

自然风由基本风和脉动风组成，脉动风是随着时间和空间变化的，有显著的紊乱性和随机性，脉动风通常可以由湍流积分尺度、湍流强度、脉动风速谱功率谱和空间相关性来表示。

3.1.1 良态风与台风的脉动风速谱

由于脉动风是随机过程，必须用统计方法来描述，而功率谱密度函数反映了某一频率域上脉动风的能量大小。脉动风速谱描述了紊流风的谱特性，对于输电塔的随机振动分析，风速谱是必需的。

许多风工程专家对风速功率谱进行了研究，得到了不同形式的风速谱表达式。其中用于结构设计的纵向脉动风速谱主要有 Davenport 顺风向脉动风速谱[36]（以下简称 Davenport 谱）、Kaimal 顺风向脉动风速谱[37]（以下简称 Kaimal 谱）、von Karman 谱、Simiu 谱、Harris 谱等，而台风风速谱主要有"石沅"水平台风风速谱[38]（以下简称石沅谱）和"田浦"水平台风风速谱[39]（以下简称田浦谱）等。

1）Davenport 谱

Davenport 谱是 1961 年 Davenport 根据世界不同地点、不同高度实测得到的 90 多次强风下的纵向紊流功率谱实测值取平均值后建立的：

$$S_{\mathrm{u}}(f) = \frac{4K\overline{V}_{10}^2}{f}\frac{x^2}{(1+x^2)^{4/3}}, \quad x = \frac{1600f}{\overline{V}_{10}} \tag{3-1}$$

式中，K 为地面粗糙度系数；$\overline{V}_{10}$ 为标准高度为 10m 处的平均风速（m/s）；f 为脉动风频率（Hz）；$S_{\mathrm{u}}(f)$ 为脉动风速谱（m²/s）。

2）Kaimal 谱

Kaimal 考虑了大气紊流运动中紊流功率谱随高度的变化，其纵向紊流功率谱表达式见式（3-2）：

$$S_{\mathrm{u}}(f) = \frac{200K\overline{V}_{10}^2}{f}\frac{x}{(1+50x)^{5/3}}, \quad x = \frac{hf}{\overline{V}_{10}} \tag{3-2}$$

式中，h 为高度。

3）石沅谱

不随高度变化的石沅谱是由石沅等提出的，详细公式如式（3-3）所示：

$$S_{\mathrm{u}}(f) = \frac{5.46K\overline{V}_{10}^2 x^{2.4}}{f(1+1.5x^2)^{1.4}}, \quad x = 1200f/\overline{V}_{10} \tag{3-3}$$

4) 田浦谱

随高度变化的田浦谱是由田浦等拟合给出的，详细公式如式(3-4)所示：

$$S_u(f,h) = \left(\frac{h}{10}\right)^{-0.5\alpha} \frac{4.8 K \bar{V}_{10}^2 x}{f(2+x^2)^{7/8}}, \quad x = 300 \frac{f}{\bar{V}_{10}} h^\alpha \tag{3-4}$$

式中，$S_u(f,h)$ 为 h 高度处的脉动风速谱(m²/s)；α 为地面粗糙度。

5) von Karman 谱[40]

von Karman 谱是 1948 年美国著名空气动力学家 von Karman 根据湍流各向同性的假设建立的风速谱，其表达式为

$$S_u(f,h) = 4\sigma_u^2 \frac{x}{f(1+70.8x^2)^{5/6}}, \quad x = \frac{f L_u^x}{U} \tag{3-5}$$

式中，$L_u^x = 100\left(\frac{h}{30}\right)^{0.5}$ 为纵向湍流积分尺度；U 为 h 高度处的平均风速；σ_u^2 为脉动风速的方差；其余符号定义同式(3-1)。

von Karman 谱适用于描述离地面高度 150m 以上的大气湍流和风洞气流中的湍流特性。当采用 von Karman 谱来描述离地高度 150m 以下的大气湍流特性时要对其进行修正。

Davenport 谱和 Kaimal 谱属于良态风场的参数，Davenport 谱是不随高度变化的风速谱，Kaimal 谱是随高度变化的风速谱。石沅谱与田浦谱属于台风风场的风速谱，石沅谱是不随高度变化的风速谱，田浦谱是随高度变化的风速谱。von Karman 谱尽管不属于典型台风风速谱，但相关研究表明，当采用实测台风数据拟合风速谱时，以 von Karman 谱为基准谱时拟合效果最好，最接近实测台风风速谱。

随机脉动风场包含良态风场和台风风场两种，随机脉动风场的模拟过程中主要涉及风速谱、相干函数和模拟方法的选择，虽然风速谱很多，但是统计分析现在使用的模拟良态风场的脉动风速谱主要有 Davenport 谱、Kaimal 谱、Simiu 谱等(按使用频率从大到小排列)。可以看出，最常用的是就是 Davenport 谱和 Kaimal 谱，前者风速谱不随高度变化，后者风速谱随高度变化；Davenport 谱是《建筑结构荷载规范》(GB 50009—2012)和《架空输电线路杆塔结构设计技术规定》(DL/T 5154—2012)中定义风振系数采用的风速谱，Kaimal 谱是《公路桥梁抗风设计规范》(JTG/T 3360—01—2018)所用的

风速谱。台风风场下的风速时程模拟常用的台风风速谱主要就是石沉谱和田浦谱，前者风速谱不随高度变化，后者风速谱随高度变化，两类风速谱因是否随高度变化而形成了对比。

本书分别基于两种良态风速谱 Davenport 谱和 Kaimal 谱、两种典型台风风速谱石沉谱和田浦谱进行脉动风模拟，对比脉动风模拟结果以及在上述脉动风作用下的结构响应，找出最不利动力风荷载模拟方式，为后续风致响应计算分析提供依据。

在上述风速谱中，都有一个参数 K，它与地面粗糙度有关。该参数具有一定的不确定性，不同的文献和学者给出的参数 K 的取值方式不尽相同，另外参数 K 与微地形、微地貌也有关系。风速谱中 K 值的不确定性影响着风速谱，进而影响动力风荷载模拟结果，最终将影响风致响应计算结果和抗风能力评估结果，故本书选择 K 值为动力风荷载不确定性参数。在实际计算时，如有条件，参数 K 建议根据实测风速数据进行修正。

3.1.2　脉动风空间相关性

脉动风的空间相关性即结构上某一点的风压达到最大时，在一定范围内离该点越远处的风荷载达到最大值的可能性越小。空间上点与点的风速相关性可以通过互功率谱密度函数、互相关函数及相干函数三种方式来表示，一般使用相干函数。

脉动风相干函数一般是通过综合考虑风洞试验与现场实测资料得到的，可使用指数衰减函数形式表示：

$$r(A_i, B_j, f) = \exp\left[-C\left(\frac{f|h_i - h_j|}{\overline{V}_{10}}\right)\right] \tag{3-6}$$

式中，A_i、B_j 为空间上的点；f 为频率；C 为指数衰减系数；$|h_i - h_j|$ 为空间两点间的竖向距离。

指数型相干函数与距离、频率、平均风速有关，即两点之间的距离越近、频率越低、平均风速越高，空间相关性越好。

对于空间结构，风速的空间相关性需要考虑三个方向的相关性，此时的相干函数如下。

1）Davenport 相干函数[41]

Davenport 相干函数表达式见式(3-7)：

$$\text{Coh}(r, f) = \exp\left\{-\frac{\omega}{2\pi}\frac{[C_x^2(x_1-x_2)^2 + C_y^2(y_1-y_2)^2 + C_z^2(z_1-z_2)^2]^{1/2}}{\frac{1}{2}[U(z_1)+U(z_2)]}\right\} \tag{3-7}$$

式中，ω 为频率；U 为平均风速；C_x、C_y、C_z 分别为水平向、横向和竖向的指数衰减系数。第一组是 Davenport 建议的 C_y 取 16，C_z 取 10，在空间结构下将其扩展为 C_x 取 8，C_y 取 16，C_z 取 10。第二组相干函数表达式与式 (3-7) Davenport 相干函数在形式上完全相同，只是其指数衰减系数 C_x、C_y、C_z 分别取 3、8、8。第三组 C_x 取 16，C_y 取 8，C_z 取 10。在本书中这三组值简称为不确定性参数 C。

2）Shiotani 相干函数[42]

Shiotani 相干函数表达式见式 (3-8)：

$$\text{Coh}(r) = \exp\left[-\sqrt{\frac{(x_1-x_2)^2}{L_x^2} + \frac{(y_1-y_2)^2}{L_y^2} + \frac{(z_1-z_2)^2}{L_z^2}}\right] \tag{3-8}$$

Shiotani 得到的是与脉动风频率无关的相干函数，其表达式中 L_x 和 L_y 均取值 50，L_z 为 60，分别为三个方向上的积分尺度。我国规范给出的相干函数采用的是 Shiotani 相干函数。

3）Krenk 相干函数[43]

Krenk 建议的改进型与频率有关的相干函数表达式见式 (3-9)：

$$\text{Coh}(r_x, r_z, n) = \left[1 - \frac{n_x}{2V_z}\sqrt{(C_x r_x)^2 + (C_z r_z)^2}\right]\exp\left[\frac{n_x}{V_z}\sqrt{(C_x r_x)^2 + (C_z r_z)^2}\right] \tag{3-9}$$

式中，r_x、r_z 为空间中任意两点 x、z 方向的距离；修正频率 n_x 的公式为 $n_x = \sqrt{n^2 + (\overline{V}_z / (2\pi L))}$，$n$ 为系统的自然频率；L 为积分尺度；V_z 为 z 方向的风速；C_x、C_z 分别为水平向和竖向的衰减系数。

但是由于 Krenk 相干函数的计算过程太过烦琐并且应用较少，本书不考虑此种相干函数。相干函数不同以及相干函数参数的不同都影响着动力风荷载结果，因此本书根据现有的资料，将 Davenport 相干函数和 Shiotani 相干函数视为动力风荷载模拟的不确定性因素一；将 Davenport 相干函数中指数衰减系数作为动力风荷载模拟的不确定性参数一。本书将研究上述各不确定性因素及参数对风致响应计算结果的影响。

3.2　脉动风速模拟方法

3.2.1　脉动风速模拟方法概述

脉动风速合成现在有以下常用的方法：线性滤波法（白噪声滤波法）、谐波合成法（谐波叠加法）、小波分析法等。

线性滤波法是将指定时刻的时域过程叠加之前若干个时域过程，然后再加上某一个满足一定要求的随机误差而拟合出该随机过程的时域模型，包括自回归（AR）模型、滑动平均（MA）模型以及两者结合的自回归滑动平均（ARMA）模型三种算法。

谐波合成法的本质是将具有一定特征的随机振幅或随机频率的正、余弦函数相互叠加，模拟具有指定特征的随机信号，将随机信号进行离散傅里叶变换，功率谱值就等于由相邻频率划分的这些简谐波幅值的平方，是本书采用的方法。

小波分析法可以通过移动或者伸缩目标对象实现对其相关的操作，也就是说它可以聚焦到目标对象的任意细节（高频或低频）处，因此小波分析也被称为"数学中的显微镜"，正是由于这些优点，小波分析法经常被用于信号处理、湍流模拟、图形设计等方面。由于脉动风的频率变化复杂多样并且在一定条件下会表现出非平稳特性，小波分析法能够聚焦到脉动风的时程或者频率的局部细节并加以分析，可用来精确地模拟随机脉动风场。

线性滤波法的优点是效率高，但其并不是无条件收敛的，需要依靠经验选取参数，模拟精度相对较差；小波分析法在模拟非平稳信号时具有一定的优势，但参数的选取和估计对模拟精度有较大的影响，不适合模拟平稳随机过程；谐波合成法理论简单清晰、结果精度较高、适用范围较广，广泛地应用于脉动风场模拟。故本书选取谐波合成法进行风场的模拟。

3.2.2　脉动风速模拟过程

本书以 Davenport 谱为顺风向风速谱，采用 Davenport 相干函数，利用谐波合成法合成风速时程曲线（基于其他风速谱的脉动风速模拟算法与此类似），具体过程如下。

（1）互功率谱的形成。由风速谱和相干函数形成不同坐标点上的脉动风速互功率谱见式（3-10）：

$$S_{jk}(f) = \sqrt{S_{jk}(f)S_{jk}(f)} \cdot \text{Coh}(\varDelta_{jk}, f) = S(f)\text{Coh}(\varDelta_{jk}, f), \quad j,k = 1,2,\cdots,n \tag{3-10}$$

式中，$S(f)$ 是互功率谱；$\text{Coh}(\varDelta_{jk}, f)$ 是相干函数；$\varDelta_{jk}$ 是空间 j 点和 k 点之间的空间距离。

(2) $\boldsymbol{H}(\omega)$ 的求解过程见式 (3-11)～式 (3-13)。

$$\boldsymbol{S}(\omega) = \boldsymbol{S}(2\pi f) = \begin{bmatrix} S_{11}(2\pi f) & S_{12}(2\pi f) & \cdots & S_{1n}(2\pi f) \\ S_{21}(2\pi f) & S_{22}(2\pi f) & \cdots & S_{2n}(2\pi f) \\ \vdots & \vdots & & \vdots \\ S_{n1}(2\pi f) & S_{n2}(2\pi f) & \cdots & S_{nn}(2\pi f) \end{bmatrix} \tag{3-11}$$

按 Cholesky 分解方法 $\boldsymbol{S}(\omega) = \boldsymbol{H}(\omega)\boldsymbol{H}(\omega)^{\text{T}}$，即

$$\boldsymbol{S}(2\pi f) = \boldsymbol{H}(2\pi f)\boldsymbol{H}(2\pi f)^{\text{T}} \tag{3-12}$$

故得到 $S_{12}(2\pi f)$ 互功率谱后，有

$$\boldsymbol{H}(\omega) = \text{Chol}(S_{12}(2\pi f)) = \begin{bmatrix} H_{11}(\omega) & 0 & \cdots & 0 \\ H_{21}(\omega) & H_{22}(\omega) & \cdots & 0 \\ \vdots & \vdots & & \vdots \\ H_{n1}(\omega) & H_{n2}(\omega) & \cdots & H_{nn}(\omega) \end{bmatrix} \tag{3-13}$$

(3) 风速求解。功率谱控制的随机过程模拟的风速见式 (3-14)：

$$V_j(t) = \sum_{k=1}^{j}\sum_{l=1}^{N} |H_{jk}(\omega_{kl})| \, \text{g}\sqrt{2\Delta\omega}\cos[\omega_{kl}t - \theta_{jk}(\omega_{kl}) + \varphi_{kl}] \tag{3-14}$$

式中，N 是频率采样点数；$H_{jk}(\omega_{kl})$ 是矩阵 $\boldsymbol{H}(\omega)$ 中的元素，而 $\boldsymbol{H}(\omega)$ 是功率谱矩阵 $\boldsymbol{S}(\omega)$ 的分解；$\Delta\omega$ 即 ω_{u}/N，是每步频率增量，其中 ω_{u} 为功率谱截止圆频率；φ_{kl} 为 $(0,2\pi)$ 区间上均匀分布的随机相位。

而对于随机风场的模拟问题，由于 $\boldsymbol{S}(\omega)$ 为实矩阵，$\boldsymbol{H}(\omega)$ 也是一实矩阵，于是 $\theta_{jk}(\omega_{kl}) = 0$，得出式 (3-15)：

$$\theta_{jk} = \arctan\left\{\frac{\text{Im}[H_{jk}(\omega)]}{\text{Re}[H_{jk}(\omega)]}\right\} \tag{3-15}$$

为增大模拟样本的固期，ω_{kl} 可按式 (3-16) 取值：

$$\omega_{kl} = (l-1)\Delta\omega + \frac{k}{n}\Delta\omega \tag{3-16}$$

式中，$l=1,2,\cdots,N$；$k=1,2,\cdots,j$。

(4) FFT 变换

若采用快速傅里叶变换(FFT)提高 $V_j(t)$ 计算速度，则将 $V_j(t)$ 风速公式进行转化，见式 (3-17)：

$$V_j(p\Delta t) = \mathrm{Re}\left[\sqrt{2\Delta\omega}\cdot\sum_{k=1}^{j}\sum_{l=0}^{N-1}H_{jk}\left(l\cdot\Delta\omega+\frac{k}{n}\Delta\omega\right)\exp\left(l\cdot\Delta\omega+\frac{k}{n}\Delta\omega\right)p\Delta t + \mathrm{i}\phi_{kl}\right] \tag{3-17}$$

式中，$p=0,1,\cdots,N$；$j=1,2,\cdots,n$；$H_{jk}(\omega)$ 是矩阵 $\boldsymbol{H}(\omega)$ 中的元素；$\Delta\omega$ 即 ω_u/N，是每步频率增量；ϕ_{kl} 为 $(0,2\pi)$ 区间上均匀分布的随机相位；Re 表示实部。为了进行简化计算，采用式 (3-18) 和式 (3-19) 对风速公式 (3-17) 进行转化。

由

$$T_0 = nN\frac{2\pi}{\omega} = Mn\Delta t, \quad \Delta t \leqslant \frac{2\pi}{2\omega_u}\Delta\omega = \frac{\pi}{N} \tag{3-18}$$

推得 $M \geqslant 2N$。实际计算时，可取 $M=2N$。

$$V_j(p\Delta t) = \mathrm{Re}\left\{\sum_{k=1}^{j}G_{jk}(p\Delta t)\exp\left[\mathrm{i}^*\left(\frac{k}{n}\Delta\omega\right)p\Delta t\right]\right\} \tag{3-19}$$

式中，$j=1,2,\cdots,n$；$p=0,1,\cdots,2N$；i^* 表示共轭复数。

对式 (3-19) 中重新改写后见式 (3-20)：

$$G_{jk}(p\Delta t) = \sum_{l=0}^{2N-1}B_{jk}(l\Delta\omega)\exp\left(\mathrm{i}lq\frac{\pi}{N}\right) = \sum_{l=0}^{2N-1}B_{jk}(l\Delta\omega)\exp[\mathrm{i}(l\Delta\omega)q\Delta t] \tag{3-20}$$

而式 (3-20) 中可以转化的见式 (3-21)：

$$B_{jk}(l\Delta\omega) = \begin{cases} \sqrt{2\Delta\omega}H_{jk}\left(l\Delta\omega+\dfrac{k}{n}\Delta\omega\right)\exp(\mathrm{i}\phi_{kl}), & 0 \leqslant l < N \\ 0, & N \leqslant l < 2N \end{cases} \tag{3-21}$$

显然 $G_{jk}(p\Delta t)$ 可写成式 (3-22)：

$$G_{jk}(p\Delta t) = \sum_{l=0}^{2N-1} B_{jk}(l\Delta\omega)\exp(\mathrm{i}l\Delta\omega p\Delta t) = \sum_{l=0}^{2N-1} B_{jk}(l\Delta\omega)\exp\left(\mathrm{i}lp\frac{\pi}{N}\right) \quad (3\text{-}22)$$

显然 $G_{jk}(p\Delta t)$ 是 $B_{jk}(l\Delta\omega)$ 的离散傅里叶变换，可以采用 FFT 技术分析。由式 (3-22) 中的 G，可以将 $V_j(p\Delta t)$ 进行转换，见式 (3-23)：

$$V_j(p\Delta t) = \mathrm{Re}\left\{\sum_{k=1}^{j} G_{jk}(q\Delta t)\exp\left[\mathrm{i}\left(\frac{k}{n}\Delta\omega\right)p\Delta t\right]\right\} \quad (3\text{-}23)$$

式中，$j=1,2,\cdots,n$；$k=1,2,\cdots,j$；$p=0,1,\cdots,2N$。

3.3　输电塔的脉动风速时程模拟

3.3.1　脉动风速时程模拟中的参数选取

为了分析输电塔风致动力响应中最不利风荷载的模拟方式，需要对输电塔动力风荷载进行计算，而输电塔结构的各分段节点的脉动风速时程模拟是输电塔动力风荷载计算的前提，所以要准确模拟输电塔各节点脉动风速时程。本书选择的输电塔的脉动风速时程模拟参数如表 3-1 所示。

表 3-1　脉动风速时程模拟参数

参数种类	参数数值
地面粗糙类别 α	0.12（A 类地貌）
风速谱（目标谱）	顺风向风速谱
频谱范围 ω_{up}	40
频率采样点数 N	$8192\,(2^{13})$
频率增量 df/Hz	0.0049
模拟空间点数 n	10
模拟总时间 T/s	204.8
模拟时间间隔 dt/s	0.0125
FFT 点数 M	16384

3.3.2　模拟的脉动风速时程曲线

本节根据上述所述理论，利用 MATLAB 软件编写脉动风速时程模拟的程序在风向为 0°、45°、90°，风速 V_{10} 为 30m/s、35m/s、40m/s、45m/s 时，完成不确定性影响下的输电塔各段节点的脉动风速时程曲线模拟，即基于 MATLAB 软件编写的程序，改变风速谱、相干函数、风速谱中 K 值和相干函数指数衰减系数，形成各种情况下的输电塔脉动风速时程曲线，整体模拟流程图见图 3-1。

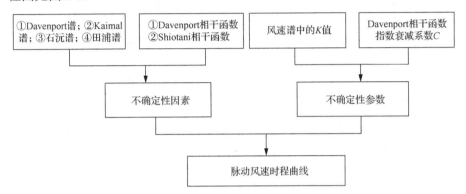

图 3-1　基于不确定性因素和不确定性参数的脉动风速时程曲线模拟

受篇幅限制，本书只列出良态风速谱中 Davenport 谱、Kaimal 谱和台风风速谱中的石沅谱、田浦谱共四种风速谱作用下的脉动风速时程曲线，以 Davenport 谱为目标谱的输电塔第一分段节点脉动风速时程曲线如图 3-2(a) 所示，以 Kaimal 谱为目标谱的输电塔第一分段节点脉动风速时程曲线如图 3-2(b) 所示，以石沅谱为目标谱的输电塔第一分段节点脉动风速时程曲线如图 3-2(c) 所示，以田浦谱为目标谱的输电塔第一分段节点脉动风速时程曲线如图 3-2(d) 所示。

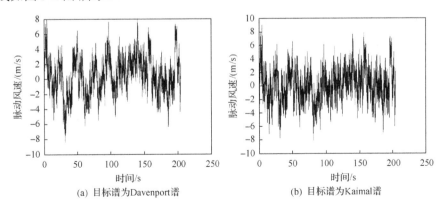

(a) 目标谱为 Davenport 谱　　　　　　(b) 目标谱为 Kaimal 谱

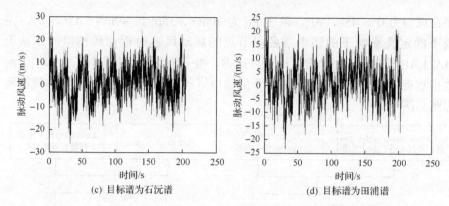

(c) 目标谱为石沅谱 (d) 目标谱为田浦谱

图 3-2 V_{10} 为 30m/s 时同一节点不同风速谱形成的脉动风速时程曲线

由图 3-2 可以明显看出，基于同一种基本风速，一个节点上采用四种风速谱模拟的脉动风速时程曲线时域波形有所不同，这将对风致响应计算结果产生影响。

3.3.3 模拟脉动风速频谱与目标功率谱的比较

输电塔各个分段节点的脉动风模拟完成之后，必须经过检验校正，对于不同风向和不同平均风速作用下的四种不同风速谱形成的脉动风速时程曲线、相干函数改变形成的脉动风速时程曲线、风速谱中 K 值改变形成的脉动风速时程曲线和相干函数指数衰减系数的改变形成的脉动风速时程曲线都必须进行检验校正。

由于篇幅限制，本书只列出 0° 风向、风速为 30m/s 时，利用 Davenport 相干函数和谐波合成法模拟出的四种不同风速谱形成的脉动风速时程曲线结果校验，如图 3-3 所示。其他情况下的结果不再一一列出。

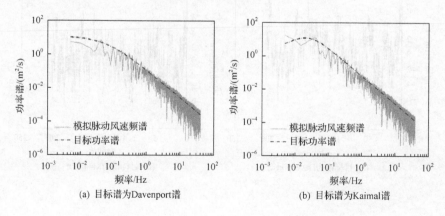

(a) 目标谱为Davenport谱 (b) 目标谱为Kaimal谱

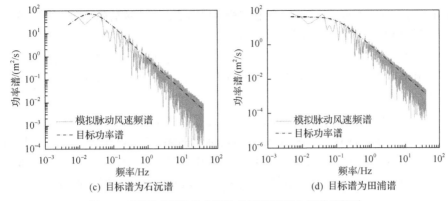

(c) 目标谱为石沅谱　　　　　　　　(d) 目标谱为田浦谱

图 3-3　不同风速谱形成的脉动风速时程曲线结果校验

3.4　输电塔线的动力风荷载计算

3.4.1　动力风荷载计算

输电塔线的动力风荷载计算采用桥梁准定常气动公式,采用 MATLAB 软件计算输电塔动力风荷载时程曲线时,输电塔结构节点处所受的随时间变化的风速计算公式如式(3-24)所示:

$$v_h(t) = \bar{v}_h + \tilde{v}_h(t) \tag{3-24}$$

式中, $\bar{v}_h$ 为 h 高度处的平均风速(m/s); $\tilde{v}_h(t)$ 为 h 高度处的脉动风速(m/s)。

根据式(3-24),输电塔结构节点处 t 时刻 h 高度的动力风荷载 $F_h(t)$ 见式(3-25):

$$F_h(t) = 0.5\mu_s \rho A v_h^2(t) = 0.5\mu_s \rho A[\bar{v}_h + \tilde{v}_h(t)]^2 \tag{3-25}$$

式中, $F_h(t)$ 为 h 高度处的节点动力风荷载(N); μ_s 为结构的体型系数; A 为受压面积(m²); ρ 为空气质量密度(kg/m³)。

由风速计算风荷载的方法具体参照《110kV～750kV 架空输电线路设计规范》(GB 50545—2010)执行,最终得到在输电塔分段节点处施加的动力风荷载。在风荷载计算时,输电塔及导地线需要首先分成多个区段,区段划分越密,计算精度越高。先计算每个区段的总风荷载,然后再分配到该区段内各个节点上。

3.4.2　模拟的动力风荷载时程曲线

根据上述脉动风速时程曲线和动力风荷载计算方法,利用 MATLAB 软件编写动力风荷载计算的程序,在风向为 0°、45°、90°, V_{10} 为 30m/s、35m/s、40m/s、

45m/s 时，完成不确定性影响下的输电塔各段节点的动力风荷载时程曲线的模拟。

利用 MATLAB 软件编写的程序，改变风速谱、相干函数、风速谱中 K 值和相干函数指数衰减系数，可形成各种情况下的输电塔动力风荷载时程曲线。

由于篇幅有限，这里仅列出当风向角为 0°、V_{10} 为 30m/s 时，输电塔第一段节点动力风荷载时程曲线。不同风速谱形成的动力风荷载时程曲线如图 3-4 所示，其中图 3-4(a) 是以 Davenport 谱为目标谱的输电塔第一段动力风荷载时程曲线，图 3-4(b) 是以 Kaimal 谱为目标谱的输电塔第一段动力风荷载时程曲线，图 3-4(c) 是以石沅谱为目标谱的输电塔第一段动力风荷载时程曲线，图 3-4(d) 是以田浦谱为目标谱的输电塔第一段动力风荷载时程曲线。

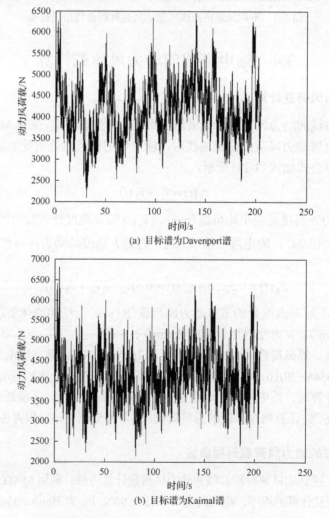

(a) 目标谱为Davenport谱

(b) 目标谱为Kaimal谱

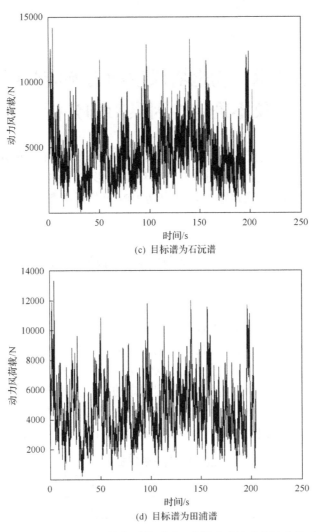

图 3-4　V_{10} 为 30m/s 时同一节点四种不同风速谱形成的动力风荷载时程曲线

由图 3-4 可以明显看出，基于同一种基本风速，由于脉动风速时程的差异，一个节点上采用四种风速谱模拟的动力风荷载时程也存在差异，这将对风致响应计算结果产生影响。

第4章 输电塔风致动力响应分析
及不确定性因素影响分析

本章以某干字型直线塔为研究对象,重点分析输电塔风致动力响应分析中主要的不确定性因素对动力响应计算结果的影响,根据不确定性因素和参数对输电塔的影响来确定输电塔风致动力响应分析中最不利的风荷载模拟方式。

4.1 输电塔结构的动力特性分析

4.1.1 输电塔模态分析

模态分析是研究结构动力性能的主要方法,通过确定结构的固有频率和自振振型等重要参数,可以分析结构的固有振动特性,为结构优化、设计、故障诊断提供依据。本书通过有限元软件 ANSYS 首先对建立好的三维模型的底部四个塔腿与基座连接处全部采用固定约束,完成约束设置后,利用软件内置的 Block Lanczos 法对输电塔结构进行模态分析得出前几阶频率值和振型图,表 4-1 为输电塔的前十阶频率值,图 4-1 为输电塔的前四阶振型图。

表 4-1　前十阶频率值　　　　　（单位：Hz）

阶数	1	2	3	4	5	6	8	9	10
频率值	3.5765	3.5977	10.554	11.348	11.549	11.852	13.771	13.985	14.733

4.1.2 阻尼系数 α 和 β

在 Rayleigh 阻尼理论中,阻尼矩阵 $\boldsymbol{C} = \alpha \boldsymbol{M} + \beta \boldsymbol{K}$,式中 α 为 Alpha 阻尼,也称质量阻尼系数;β 为 Beta 阻尼,也称刚度阻尼系数。在运用 ANSYS 进行结构瞬态动力响应分析时只需要设置阻尼系数 α 和 β 即可,这两个阻尼系数通过振型阻尼比计算得到,见式(4-1)和式(4-2):

$$\alpha = 2\omega_i \omega_j \zeta / (\omega_i + \omega_j) \tag{4-1}$$

$$\beta = 2\zeta / (\omega_i + \omega_j) \tag{4-2}$$

式中，ω_i、ω_j 分别为结构的第 i 阶和第 j 阶固有频率，计算时，取影响最大的前两阶，即取 ω_1 和 ω_2；ζ 为结构阻尼比，结构处于弹性阶段时，钢结构的阻尼比一般取 1%～2%，本书选取 2%。

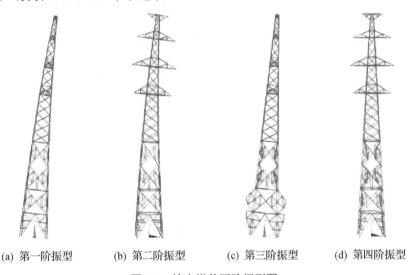

(a) 第一阶振型　　(b) 第二阶振型　　(c) 第三阶振型　　(d) 第四阶振型

图 4-1　输电塔前四阶振型图

利用 ANSYS 对输电塔进行模态分析得出输电塔的前十阶的振型和频率值，通过式(4-1)和式(4-2)计算输电塔结构的阻尼系数 α、β，然后用于输电塔动力风荷载加载命令流，通过导入加载命令利用 ANSYS 完成对输电塔的动力响应计算分析。最终计算输电塔的阻尼系数值：$\alpha=0.450764$，$\beta=0.000887$。

4.2　不确定性因素对输电塔风致动力响应的影响

4.2.1　不确定性分析方式

输电塔风致动力响应采用瞬态动力分析方法，并且考虑导地线的作用。不确定性对输电塔风致动力响应的影响程度通过输电塔杆件单元最大轴向应力值大小来判定。如果一种不确定性变化导致的输电塔杆件单元最大轴向应力变化很大，则表明这种不确定性对输电塔风致动力响应影响很大。不确定性因素对输电塔风致动力响应的影响分析流程如图 4-2 所示。

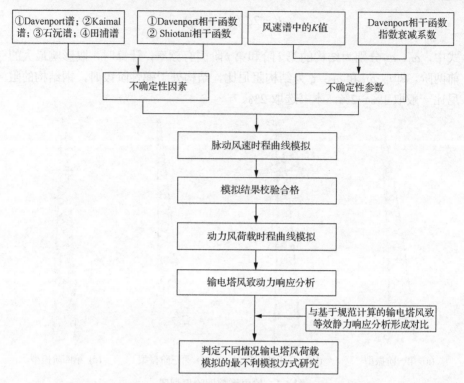

图 4-2 不确定性因素对输电塔风致动力响应的影响分析流程图

动力风荷载模拟过程中的不确定性主要有两大部分：第一部分为风速时程模拟过程的两个步骤因素；第二部分为两个步骤因素中的参数不确定性。本书基于规范计算的输电塔风致等效静力响应分析的结果，主要对这两部分不确定性进行对比分析，研究其对输电塔风致动力响应影响的程度，从而确定输电塔风致动力响应中最不利的风荷载模拟方式。

两步骤因素主要是风速谱和相干函数，即在风速时程模拟过程中，Davenport 谱和 Kaimal 谱两种良态风速谱，田浦谱和石沅谱两种台风风速谱；相干函数主要采用 Davenport 相干函数和 Shiotani 相干函数。

两步骤因素中的参数，主要指四种风速谱中的 K 值以及 Davenport 相干函数中的指数衰减系数 C_x、C_y、C_z 的取值。

4.2.2 风速谱的影响

1) 三种基本风向角作用下的四种风速谱对输电塔风致动力响应的影响

为了与基于规范计算的输电塔风致等效静力响应分析形成对比，首先确定输电塔风致动力响应的最不利风向角。这里根据风速 V_{10} 为 30m/s，风向为 0°、45°、90°，相干函数为 Davenport 相干函数（C_x 取 8，C_y 取 16，C_z 取 10），其他条件相同时，四种风速谱形成的动力风荷载对输电塔风致动力响应的影响来确定四种风速谱的最不利风向角，利用 ANSYS 有限元软件编辑的加载命令流对输电塔进行风致动力响应分析，并提取瞬态动力响应分析后的杆件单元轴向应力值，根据提取单元的轴向应力值的大小，来判断风荷载最不利的模拟方式。以下判断其他不确定性对输电塔动力风荷载的影响均采用此法。计算的结果如表 4-2 所示。

表 4-2　30m/s 风速时不同风向角和不同风速谱影响下的
输电塔风致动力响应的最大轴向应力　　　　（单位：MPa）

风速谱	应力名称	风向角		
		0°	45°	90°
Davenport 谱	拉应力	70.528	89.577	96.105
	压应力	82.642	145.585	152.051
Kaimal 谱	拉应力	68.229	87.567	95.176
	压应力	80.301	142.448	150.643
石沅谱	拉应力	121.419	133.947	116.559
	压应力	133.942	212.343	182.196
田浦谱	拉应力	115.851	129.263	114.679
	压应力	128.269	205.462	179.292

根据计算的输电塔最大轴向拉应力和最大轴向压应力值可以看出，最大轴向拉应力均小于最大轴向压应力，说明在输电塔风致动力响应中，输电塔杆件单元主要承受压力。

45°风向角时台风风速谱影响下的输电塔风致动力响应的应力值最大，与基于规范计算的输电塔风致等效静力响应最不利风向角一致；而良态风速谱影响下的 90°风向角输电塔风致动力响应最大应力值略大于 45°风向角，本书认为 45°和 90°风向角时良态风速谱影响下的输电塔风致动力响应基本一致。综上，可以近似认为输电塔风致动力响应中最不利风向角为 45°。

对于四种风速谱，在 0°、45°和 90°风向角时，台风风速谱作用下的输电塔最大轴向应力值大于良态风速谱作用下的输电塔最大轴向应力值。三个基本风向角下，四种风速谱输电塔动力风荷载值大小排序：石沅谱＞田浦谱＞Davenport 谱＞Kaimal 谱。

　　总体来看，良态风速谱作用下输电塔风致动力响应结果均小于台风风速谱作用下输电塔风致动力响应结果。而良态风速谱作用下的输电塔风致动力响应的最大应力值略大于基于规范计算的输电塔风致等效静力响应分析结果。因此，本书认为对于台风地区输电塔的动力风荷载应该考虑基于台风风速谱形成的动力风荷载。

　　在整个频率范围内，石沅谱和田浦谱的功率谱都大于 Davenport 谱与Kaimal 谱，所以导致石沅谱和田浦谱的计算结果比 Davenport 谱与 Kaimal 谱大(因为田浦谱和 Kaimal 谱是随高度变化的，所以有多条曲线)。基于规范计算的输电塔风致等效静力响应分析中的动力响应风荷载调整系数基于Davenport 谱动力响应计算的结果，所以良态风速谱作用下的输电塔风致动力响应与基于规范计算的输电塔风致等效静力响应分析结果相近，又因为前者考虑动力作用，所以略大于规范计算的输电塔风致等效静力响应分析结果。

　　2)不同 V_{10} 作用下的四种风速谱对输电塔风致动力响应的影响

　　为了与基于规范计算的输电塔风致等效静力响应形成对比，同时考虑时间和篇幅，在最不利风向角为 45°时，考虑不同 V_{10} 的影响，进而确定同一风向角不同 V_{10} 对四种风速谱作用下输电塔风致动力响应结果的影响程度，判定标准是输电塔杆件的最大轴向应力值。45°风向角，四种风速谱，四种 V_{10}，其他条件均相同，提取的最大轴向应力值如表 4-3 所示。

表 4-3　45°风向角输电塔风致动力响应最大轴向应力　　(单位：MPa)

风速谱	应力名称	V_{10}			
		30m/s	35m/s	40m/s	45m/s
Davenport 谱	拉应力	89.577	123.122	161.581	204.887
	压应力	145.585	195.848	253.544	318.606
Kaimal 谱	拉应力	87.567	121.022	159.610	203.289
	压应力	142.448	192.553	250.428	316.048
石沅谱	拉应力	133.947	181.915	236.063	297.704
	压应力	212.343	284.502	365.901	457.517
田浦谱	拉应力	129.263	177.053	231.403	292.878
	压应力	205.462	277.276	359.105	450.583

　　表 4-3 展示了输电塔在 45°风向角，平均风速 V_{10} 为 30m/s、35m/s、40m/s、45m/s，Davenport 相干函数(C_x 取 8，C_y 取 16，C_z 取 10)条件下，在四种风速谱的影响下塔身主材单元的最大轴向拉、压应力值。各种情况下的输电塔的

最大轴向拉应力均小于最大轴向压应力，即输电塔风致动力响应的最大轴向应力为最大轴向压应力。综上可得，风致动力响应作用下的输电塔主要是以受压控制其稳定性。

将表 4-3 所示的 45° 风向角、四种平均风速 V_{10}、四种风速谱影响下的输电塔风致动力响应最大轴向应力，与基于规范计算的输电塔风致等效静力响应分析结果进行对比分析。分析结果表明，同一风向角，随着平均风速 V_{10} 的增大，台风风速谱作用下输电塔风致动力响应的最大轴向应力均大于良态风速谱动力分析的结果和基于规范计算的输电塔风致等效静力响应分析结果，呈 1.4～1.5 倍关系；良态风速谱输电塔动力响应结果略大于基于规范计算的输电塔风致等效静力响应分析结果，结果基本接近。

4.2.3　相干函数的影响

本节改变模拟动力风荷载过程中的相干函数，用随高度变化的 Shiotani 相干函数来替代 Davenport 相干函数。输电塔风致动力响应过程中动力风荷载采用 Shiotani 相干函数模拟，其他参数为：V_{10} 为 30m/s，风向角为 45°。四种风速谱的输电塔风致动力响应结果如表 4-4 所示。

表 4-4　不同相干函数影响下的输电塔风致动力响应的最大轴向应力　（单位：MPa）

相干函数	应力名称	Davenport 谱	Kaimal 谱	石沅谱	田浦谱
Davenport	拉应力	89.577	87.567	133.947	129.263
	压应力	145.585	142.448	212.343	205.462
Shiotani	拉应力	95.688	96.591	168.738	160.095
	压应力	154.647	155.998	262.581	250.684

由表 4-4 所得数据，将 Davenport 相干函数与 Shiotani 相干函数两种步骤因素作用下的输电塔风致动力响应结果进行对比，可比较分析 Davenport 相干函数与 Shiotani 相干函数对输电塔风致动力响应中动力风荷载的影响程度。

由表 4-4 可得，同一风向角和同一风速，且其他条件相同时，四种风速谱基于 Shiotani 相干函数模拟出的输电塔动力风荷载导致的输电塔动力响应的结果均大于 Davenport 相干函数模拟的结果。

其中 Shiotani 相干函数对台风风速谱作用下的输电塔风致动力响应结果比对良态风速谱作用下的输电塔风致动力响应结果大，说明台风风速谱基于 Shiotani 相干函数计算的输电塔动力风荷载比基于 Davenport 相干函数计算的输电塔动力风荷载大。

　　两种台风风速谱基于 Shiotani 相干函数模拟的动力风荷载下的输电塔最大轴向应力是基于 Davenport 相干函数的 1.2 倍多；两种良态风速谱基于 Shiotani 相干函数模拟的动力风荷载下的输电塔最大轴向应力是基于 Davenport 相干函数时的 1.07 倍左右，说明改变相干函数为 Shiotani 相干函数，对台风风速谱模拟出的动力风荷载值的影响程度大于对良态风速谱模拟出的动力风荷载值的影响程度。

　　总而言之，四种风速谱基于 Shiotani 相干函数模拟出的输电塔动力风荷载均大于 Davenport 相干函数模拟的结果；相干函数从 Davenport 相干函数改变为 Shiotani 相干函数对四种风速谱作用下输电塔动力风荷载的影响程度从大到小排列顺序为：石沉谱＞田浦谱＞Kaimal 谱＞Davenport 谱。

4.2.4　风速谱中粗糙度系数 K 的影响

　　本节只考虑45°风向角，在 V_{10} 为 30m/s 时，对于不同风速谱的动力分析结果的影响进行对比分析。设风速谱中 K 为 0.00129 和 0.003，在其他条件均相同的情况下，输电塔风致动力响应结果如表 4-5 所示。

表 4-5　不同 K 值下的输电塔风致动力响应的最大轴向应力　　　　（单位：MPa）

K 值	应力名称	Davenport 谱	Kaimal 谱	石沉谱	田浦谱
0.00129	拉应力	89.577	87.567	133.947	129.263
	压应力	145.585	142.448	212.343	205.462
0.003	拉应力	100.659	97.185	180.431	171.881
	压应力	162.380	156.975	282.453	269.862

　　由表 4-5 数据可知，输电塔动力分析输电塔杆件单元的最大轴向压应力大于最大轴向拉应力。分析可得，当其他条件相同时，四种风速谱中 K 值取 0.003 时输电塔风致动力响应的最大轴向应力明显比风速谱中 K 取 0.00129 时大，可推出风速谱中的粗糙度系数 K 值越大，则动力风荷载越大。

　　两种台风风速谱中，K 值为 0.003 时的输电塔最大轴向应力是 K 值为 0.00129 时的 1.3 倍左右；其中台风风速谱中的 K 值由 0.00129 增大为 0.003 时，石沉谱影响下的输电塔最大轴向应力增大程度比田浦谱略大。两种良态风速谱中 K 值为 0.003 时的输电塔最大轴向应力是 K 值为 0.00129 时的 1.1 倍左右，Davenport 谱影响下的输电塔最大轴向应力增大程度比 Kaimal 谱略大。

　　总而言之，风速谱中的粗糙度系数 K 值越大，则动力风荷载越大，风速谱中的 K 值由 0.00129 增大为 0.003 对四种风速谱作用下的输电塔动力风荷载的影响程度从大到小排列顺序为：石沉谱＞田浦谱＞Davenport 谱＞Kaimal 谱。

4.2.5　Davenport 相干函数指数衰减系数 C 的影响

对于 Davenport 相干函数指数衰减系数 C_x、C_y、C_z，除了 Davenport 建议的 8、16、10，是其他两组不确定性参数的参照，还有是日本规范建议的 3、8、8，Emil 建议的 16、8、10。本节在风速 V_{10} 为 30m/s、风向角为 45°、平均风速在 30m/s 时，改变 Davenport 相干函数指数衰减系数 C，基于不确定性参数 C 影响形成的动力风荷载完成对输电塔风致动力响应的分析，得出结果如表 4-6 所示。

表 4-6　Davenport 相干函数参数改变后输电塔风致动力响应的最大轴向应力

（单位：MPa）

参数 C	应力名称	Davenport 谱	Kaimal 谱	石沉谱	田浦谱
8、16、10	拉应力	89.577	87.567	133.947	129.263
	压应力	145.585	142.448	212.343	205.462
3、8、8	拉应力	88.612	86.700	130.440	128.975
	压应力	144.106	141.111	206.463	205.009
16、8、10	拉应力	89.524	87.528	133.652	129.081
	压应力	145.507	142.390	211.909	205.194

通过对表 4-6 的数据可以看出，输电塔风致动力响应中最大轴向应力依然是最大轴向压应力，Davenport 相干函数中的三组不确定性参数 C 下输电塔风致动力计算的应力值相差无几。

以 Davenport 建议的指数衰减系数 8、16、10 作用下的四种风速谱模拟输电塔风致动力响应最大轴向应力作为参照，发现 Emil 建议的 16、8、10 影响下的四种风速谱模拟输电塔风致动力响应最大轴向应力与其基本吻合；而日本规范建议的 3、8、8 影响下的四种风速谱模拟输电塔风致动力响应最大轴向应力略小于 Davenport 建议的指数衰减系数 8、16、10 作用下的四种风速谱模拟输电塔风致动力响应最大轴向应力。总体来看，三组参数 C 对动力风荷载的影响程度从大到小排列：Davenport 建议的 8、16、10，Emil 建议的 16、8、10，日本规范建议的 3、8、8。

因为输电塔结构的竖向尺寸要比横向尺寸宽很多，所以输电塔的空间相关性主要受竖向相干系数 C_z 控制，而其他两个方向（水平向和横向）的相关性对其影响很小。而 Davenport 建议的指数衰减系数和 Emil 建议的指数衰减系

数在空间竖向 C_z 都是 10，而日本规范建议的空间竖向相干系数 C_z 为 8，略小于前两者，所以日本规范建议的空间对输电塔风致动力响应的影响程度要小于前两者。

故可以得出：三组 Davenport 相干函数中的不确定性参数 C 改变对输电塔动力风荷载影响很小甚至可以忽略，且输电塔结构风荷载的空间相关性主要受竖向相干系数 C_z 控制。

第5章 基于规范、良态风速谱、台风风速谱的 输电杆塔风致响应对比分析

近年来，输电塔倒塔的原因有很多，有人认为是输电塔横隔面的布置数量不足，也有人认为是台风风速大于线路设计风速。由于影响台风的因素众多，很难建立统一的台风模型，我国规范也没有对台风设计风速和风场特性做出明确的规定，所以无法明确强(台)风地区频发强(台)风是输电塔倒塔的根本原因。

本书针对实际输电线路中发生的输电塔倒塔事故，先基于设计规范对输电塔进行风致静力响应分析，然后基于之前的理论对输电塔进行风致动力响应分析，对比分析输电塔发生倒塔的原因。

5.1 基于设计规范的输电塔风致响应分析

本书以某输电线路中干字型直线塔为研究对象，基于规范计算其风致响应。根据设计资料，风速 V_{15} 取为 35.25m/s，输电塔的等效静力风荷载 F 见表 5-1，输电塔导地线的等效静力风荷载 F 见表 5-2。

表 5-1 实际风速最不利风向(45°)时输电塔的等效静力风荷载 F (单位：N)

分段	X 方向	Y 方向	分段	X 方向	Y 方向
输电塔点 1	4149.642	4149.642	输电塔点 6	1092.714	1912.248
输电塔点 2	4344.042	4344.042	输电塔点 7	1140.662	1140.662
输电塔点 3	3777.422	3777.422	输电塔点 8	876.696	1534.218
输电塔点 4	966.952	1692.166	输电塔点 9	597.266	597.266
输电塔点 5	1312.058	1312.058	输电塔点 10	406.668	711.670

表 5-2 实际风速时导地线的等效静力风荷载 F (单位：N)

分段点	X 方向	Y 方向	分段点	X 方向	Y 方向
导线点 1	2182.619	654.786	导线点 3	2182.619	654.786
导线点 2	2278.264	683.479	地线点 1	2278.264	683.479

注：导线点 1 高 18m，导线点 2 高 21.5m，导线点 3 高 25m，地线点 1 高 28m。

根据表 5-1 和表 5-2 计算的风荷载，利用 ANSYS 软件对输电塔有限元模型进行荷载值加载，并且考虑输电塔、导地线和绝缘子串的重力影响，分析实际风速 V_{15} 为 35.25m/s 时的输电塔受力情况，本书对于导地线和绝缘子串的荷载加载方式：利用规范计算出导地线和绝缘子串荷载，直接按照力的传递方式加载在输电塔横担的节点上。输电风致等效静力响应分析的力学模型如图 5-1 所示。

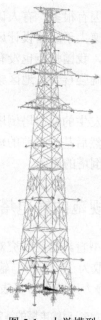

图 5-1　力学模型

5.2　基于动力时程分析的输电塔风致响应分析

本书所研究的输电塔受到台风发生倒塔，故分析时采用台风风速谱，风速 V_{15} 依然取 35.25m/s。

5.2.1　台风风速谱条件下的输电塔风致动力响应

首先，当实际风速为 35.25m/s 且风向为最不利风向(45°)时，考虑不确定性因素和不确定性参数，基于两种台风风速谱影响对输电塔风致动力响应进行分析，石沅谱影响下输电塔风致动力响应后的输电塔塔顶位移时程曲线如

图 5-2 所示，田浦谱影响下输电塔风致动力响应后的输电塔塔顶位移时程曲线如图 5-3 所示。

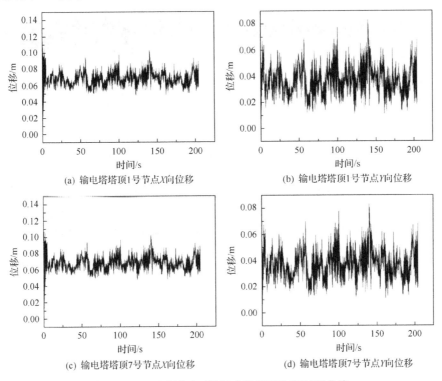

(a) 输电塔塔顶1号节点X向位移　　　　　(b) 输电塔塔顶1号节点Y向位移

(c) 输电塔塔顶7号节点X向位移　　　　　(d) 输电塔塔顶7号节点Y向位移

图 5-2　石沅谱影响下的输电塔塔顶位移时程曲线

图 5-2 和图 5-3 都是 K 为 0.00129 和相干函数为 Davenport 相干函数(即风荷载最小条件)时，输电塔塔顶的两个节点的 X 向和 Y 向位移，可以看出输电塔塔顶最大位移不超过 0.20m。

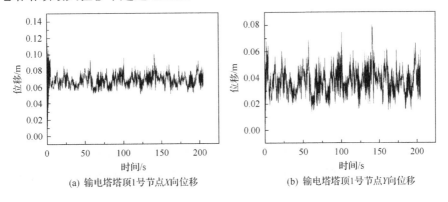

(a) 输电塔塔顶1号节点X向位移　　　　　(b) 输电塔塔顶1号节点Y向位移

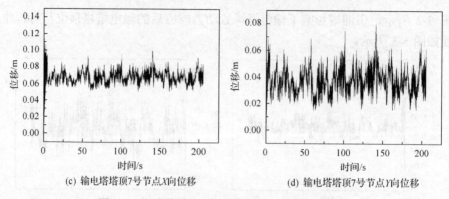

(c) 输电塔塔顶7号节点X向位移　　　　　　(d) 输电塔塔顶7号节点Y向位移

图 5-3　田浦谱影响下的输电塔塔顶位移时程曲线

在风速为实际风速 35.25m/s，*K* 为 0.00129 和相干函数为 Davenport 相干函数(即风荷载最小条件)时，对石沅谱条件下的输电塔风致动力响应进行分析，输电塔最大轴向应力时刻的整体应力图如图 5-4 所示，图中 MX 为应力最大值点，MN 为应力最小值点。

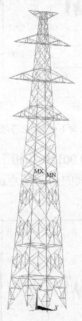

图 5-4　台风风速谱输电塔整体应力图

当风速为实际风速 35.25m/s 且风向为最不利风向(45°)时，这里考虑不确定性因素和不确定性参数，基于两种台风风速谱影响对输电塔风致动力响应进行分析，计算的应力值如表 5-3 所示。

表 5-3　台风风速谱影响下的输电塔风致动力响应分析最大轴向应力值（单位：MPa）

风速谱	应力名称	第一种条件： K=0.00129， Davenport 相干函数 （风荷载最小条件）	第二种条件： K=0.00129， Shiotani 相干函数 （规范条件）	第三种条件： K=0.003， Davenport 相干函数 （最不利条件）
石沅谱	拉应力	167.640	215.217	224.719
	压应力	262.940	331.425	349.134
田浦谱	拉应力	162.760	205.503	215.898
	压应力	255.784	317.996	336.158

由表 5-3 可以看出，输电塔在风速达到实际风速（V_{15} 为 35.25m/s），未达到设计风速（40m/s）时，K 为 0.00129 和相干函数为 Davenport 相干函数（即风荷载最小条件）时，台风风速谱影响下的输电塔轴向最大压应力都已经大于235MPa，输电塔中的杆件出现屈服现象，其为第一种条件分析的结果。第二种条件和第三种条件下计算的风荷载较第一种更不利，所以输电塔风致动力响应后的最大轴向应力均大于第一种条件计算的结果。此时，输电塔主材杆件单元出现失效，极有可能造成输电塔倒塔事故的发生。与基于规范计算的输电塔风致静力响应分析输电塔中杆件并未达到屈服强度形成了对比。

5.2.2　良态风速谱条件下的输电塔风致动力响应

为了形成对比，改变风速谱为 Davenport 谱，在风速为实际风速（35.25m/s）且风向为最不利风向（90°）时，对输电塔进行风致动力响应分析，输电塔风致动力响应后的输电塔塔顶位移时程曲线如图 5-5 所示。

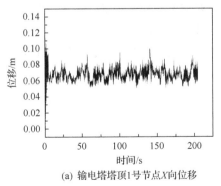

(a) 输电塔塔顶1号节点X向位移

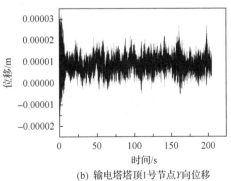

(b) 输电塔塔顶1号节点Y向位移

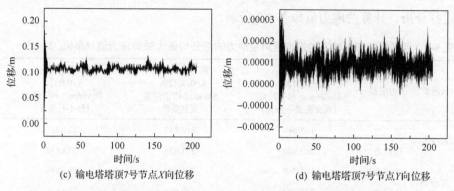

(c) 输电塔塔顶7号节点X向位移　　　　　　　(d) 输电塔塔顶7号节点Y向位移

图 5-5　Davenport 谱影响下输电塔风致动力响应后的输电塔塔顶位移时程曲线

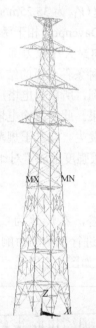

图 5-5 是在 Davenport 谱，K 为 0.003 和 Shiotani 相干函数（即风荷载最不利条件）情况下，输电塔塔顶的两个节点的 X 向和 Y 向位移，可以看出输电塔塔顶最大位移不超过 0.20m，即输电塔在风致响应时整体弯曲变形依然较小。

风速为实际风速（35.25m/s），K 为 0.003 和相干函数为 Shiotani（即风荷载最不利条件）时，Davenport 谱条件下的输电塔风致动力响应分析中，输电塔最大轴向应力时刻的输电塔整体应力图如图 5-6 所示。

当风速为实际风速（35.25m/s）且风向为最不利风向（90°）时，这里考虑不确定性因素和不确定性参数，基于规范采用的良态风速谱 Davenport 谱，对输电塔进行风致动力响应分析，计算的应力值如表 5-4 所示。

图 5-6　良态风速谱输电塔整体应力图

表 5-4　良态风速谱作用下的输电塔风致动力响应分析最大轴向应力值（单位：MPa）

风速谱	应力名称	K=0.00129，Shiotani 相干函数（规范条件）	K=0.003，Shiotani 相干函数（最不利条件）
Davenport 谱	拉应力	106.689	123.921
	压应力	167.591	192.928

　　台风风速谱对输电塔风致动力响应结果、良态风速谱对输电塔风致动力响应结果和基于规范计算的输电塔风致等效静力响应结果说明了倒塔发生的可能原因是没有考虑台风风速谱形成的动力风荷载对输电塔的动力响应影响，故对于强台风区域的输电线路输电塔抗风设计必须考虑台风风速谱形成的动力风荷载作用下的输电塔风致动力响应。

　　综上所述，规范中的风振系数是基于 Davenport 谱确定的，对台风作用的动力效应考虑不足，这可能是导致实际平均风速未达到设计风速时输电塔却失效的一个原因。因此，本书认为，对输电塔进行风致动力响应计算和抗风能力评估时，需采用台风风速谱，并且台风风速谱需基于实测风速数据进行不断的修正。

5.3 小 结

　　(1)风速谱改变对输电塔动力风荷载的影响规律：良态风速谱作用下输电塔动力风荷载均小于台风风速谱作用下输电塔动力风荷载，而良态风速谱作用下的输电塔动力风荷载略大于基于规范计算的输电塔等效静力荷载，基本相近。

　　(2)相干函数改变对输电塔动力风荷载的影响规律：四种风速谱基于 Shiotani 相干函数模拟出的输电塔动力风荷载导致输电塔动力响应的结果均大于 Davenport 相干函数模拟的结果；改变相干函数为 Shiotani 相干函数，对台风风速谱模拟出的动力风荷载值的影响程度大于对良态风速谱模拟出的动力荷载值的影响。

　　(3)K值变化对输电塔动力风荷载的影响规律：四种风速谱中K值取 0.003 时输电塔动力风荷载明显比K取 0.00129 大；风速谱K值变化对台风风速谱作用下计算的动力风荷载影响较大，两种台风风速谱中K值为 0.003 时的动力风荷载是K值为 0.00129 时的 1.3 倍左右。

　　(4)指数衰减系数C改变对输电塔动力风荷载的影响规律：指数衰减系数C改变对输电塔动力风荷载没有显著影响，但是指数衰减系数中竖向相关系数C_z对输电塔动力风荷载起控制作用，而其他两个方向(水平向和横向)的相关性对其影响很小。

　　(5)基于台风风速谱得到的风致动力响应大于基于良态风速谱的风致动力响应。台风风速谱是基于台风实测数据得到的，因此更符合台风频谱特性，所以本书建议采用台风风速谱进行风致动力响应分析和抗风性能评估。

第6章 输电塔线模型修正算法

基于设计参数建立的输电塔线初始模型的力学特征与实际输电塔线的力学特征必然存在差异,因此需基于实际输电塔线的监测数据对初始有限元模型进行修正[12]。模型修正的本质是优化过程,本书中目标函数为实际结构实测频率与初始有限元模型的计算频率之间的最小二乘误差,优化变量为输电塔线的杆件几何尺寸、杆件刚度、约束刚度、连接刚度,约束条件为各优化变量的合理变化范围。

因为优化过程需要多次计算模型频率,而每次模型频率的计算都需调用ANSYS 程序,每次调用耗时约为 2s,所以直接进行优化将非常耗时,应用受限。本书针对上述问题,提出采用线性响应面替代 ANSYS 计算,从而大大提高了计算效率。利用上述思路,并针对输电塔线具体问题,本章利用MATLAB 编写了输电塔线模型修正算法。

本书建立了两个输电塔线的有限元模型,包括输电塔线基准模型和试验模型,来研究和验证输电塔线模型修正算法。输电塔线基准模型为目标模型(假设其为实际结构),而试验模型与基准模型存在差异,这种差异是人为按随机方式设置的,就是为了模拟有限元模型与实际结构之间的差异。下面利用本书编写的模型修正算法调节试验模型的参数,使之与基准模型的频率一致,从而完成算法验证。

6.1 模型修正算法流程

模型修正算法流程图如图 6-1 所示。

线性响应面公式:

$$\Delta f_i = \sum_{j=1}^{M} D_{ij} \Delta x_j \tag{6-1}$$

矩阵表达:

$$\begin{bmatrix} \Delta f_1 \\ \vdots \\ \Delta f_6 \end{bmatrix} = \begin{bmatrix} D_{11} & \cdots & D_{1M} \\ \vdots & & \vdots \\ D_{61} & \cdots & D_{6M} \end{bmatrix} \begin{bmatrix} \Delta x_1 \\ \vdots \\ \Delta x_6 \end{bmatrix} \tag{6-2}$$

式中，D_{ij} 为线性响应面系数；Δx_j 为优化变量的变化量；Δf_i 为模型频率变化量。

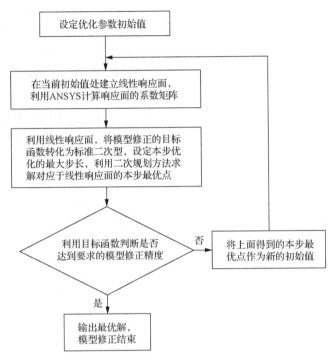

图 6-1　模型修正算法流程图

$$\boldsymbol{D}_f = \begin{bmatrix} D_{11} & \cdots & D_{1M} \\ \vdots & & \vdots \\ D_{61} & \cdots & D_{6M} \end{bmatrix}$$ 是线性响应面系数矩阵，该矩阵需利用 ANSYS 计

算求得，线性响应面系数矩阵的计算量为 $2M$ 次，计算量较小。

6.2　输电塔线模型修正算例

6.2.1　输电塔线体系建模

本书通过 ANSYS 有限元数值模拟软件建立输电塔线体系有限元模型。ANSYS 软件建模通常包括直接建模法、几何建模法以及命令流法三大类。本书采用命令流法建模，其优点为所有建模以及加载工作均通过书写命令流的方法完成，修改模拟过程只需要修改命令流文件，操作简单；缺点则是学习书写命令流较难。

对输电塔线体系有限元建模时，首先根据实际结构的整体框架、几何尺寸，应用有限元分析软件 ANSYS 对模型进行合理的简化，对模型进行参数化，塔身采用梁单元模拟，导线采用杆单元模拟，即梁单元选用 Beam188，杆单元选用 Link10。Beam188 是三维线性梁单元，每个节点有六个或者七个自由度：节点坐标系的 x、y、z 方向的平动和绕 x、y、z 轴的转动。这个单元非常适合线性、大角度转动和非线性大应变问题。Link10 杆单元在每个节点上有三个自由度：沿节点坐标系 x、y、z 方向的平动，不管是仅受拉选项，还是仅受压选项，本单元都不包括弯曲刚度，本单元具有应力刚化、大变形功能。

这里建立一个 500kV 输电塔线体系有限元模型，输电塔为酒杯塔单回路直线塔，主材和横隔采用 Q345 钢，剩下的辅材采用 Q235 钢，输电塔的呼称高为 42m，塔高为 47m。绝缘子串的长度是 4.3m。输电塔的水平档距为 200m。基准的输电塔线体系有限元模型共有 1279 个节点、1459 个 Beam188 梁单元、123 个 Link10 杆单元；弹性模量 E=206GPa，泊松比 v=0.3，钢材屈服强度为 315MPa，求出结构的前 30 阶模态，分析前 4 阶模态。输电塔线体系的基准模型材料参数如表 6-1 所示。

表 6-1 基准模型材料参数

构件	塔身	导线
模拟单元	Beam188	Link10
材料	钢材	钢和铝
密度/(kg/m³)	7800	3500
弹性模量/Pa	2.1×10^{11}	0.7×10^{11}
泊松比	0.3	0.3

1）输电导线的模拟

对于 500kV 电压等级的输电线路，其绝缘子片数一般在 25～27 片，鉴于本书所选输电塔较矮，这里选取 25 片，悬挂点处设为铰支座连接。由于 500kV 输电线路输送电能的要求较高，为保证输送容量，常采用四分裂导线，导线的模拟采用等效弹性模量法。输电塔线体系基准模型整体图和输电塔线体系基准模型局部图如图 6-2、图 6-3 所示。

图 6-2　输电塔线体系基准模型整体图

图 6-3　输电塔线体系基准模型局部图

以建好的输电塔线体系为基准建立一个有差异的试验模型，试验模型模拟采用的单元和基准模型的一样，塔身采用 Beam188 梁单元模拟，导线采用 Link10 杆单元模拟，试验模型的输电塔为酒杯塔单回路直线塔，主材和横隔采用 Q345 钢，剩下的辅材采用 Q235 钢，两个塔最主要的区别在于塔身高度和截面尺寸。试验模型的呼称高为 42m，塔高为 44m。两个模型绝缘子串的长度相差不大，试验模型的绝缘子串长度为 4.36m。

输电塔的水平档距为 200m。试验模型共有 733 个节点；1220 个 Beam188 梁单元，123 个 Link10 杆单元；弹性模量 E=206GPa，泊松比 ν=0.3，钢材屈服强度为 315MPa，对 16MnL160×14、16MnL160×12、16MnL140×10、16MnL125

×10、16MnL125×8、16MnL90×8、16MnL80×6、L75×5、L70×5、L63×5、L56×5、L50×5、L50×4、L45×5、L45×4、L40×4 角钢型号求出结构的前30 阶模态，分析前 4 阶模态。输电塔线体系试验模型的输电线也采用等效弹性模量法进行模拟，输电塔线体系的试验模型材料参数如表 6-2 所示，输电塔线体系试验模型的整体图和局部图分别如图 6-4 和图 6-5 所示。

表 6-2　试验模型材料参数

构件	输电塔塔身	导线
模拟单元	Beam188	Link10
材料	钢材	钢和铝
密度/(kg/m³)	7800	3500
弹性模量/Pa	2.1×10^{11}	0.7×10^{11}
泊松比	0.3	0.3

 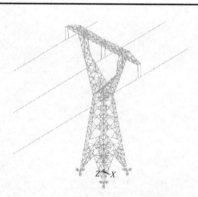

图 6-4　输电塔线体系试验模型整体图　　　图 6-5　输电塔线体系试验模型局部图

2）输电塔线模态分析

图 6-6～图 6-13 分别表示输电塔线体系基准模型和试验模型的前二阶振型图，基准模型和试验模型前二阶模态振型变化基本一样，但是基准模型和试验模型的频率存在差异。因为所建立的两个模型存在差异，所以需要进行模型修正。基准模型的振型分别为横向 1 阶弯曲（图 6-6）、纵向 1 阶弯曲（图 6-8）、1 阶扭转变形（图 6-10）、横向 2 阶弯曲（图 6-12）。试验模型的振型分别为横向 1 阶弯曲（图 6-7）、纵向 1 阶弯曲（图 6-9）、1 阶扭转变形（图 6-11）、横向 2 阶弯曲（图 6-13）。

图 6-6 基准模型横向 1 阶弯曲   图 6-7 试验模型横向 1 阶弯曲

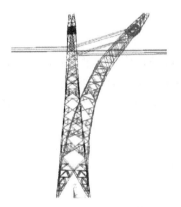

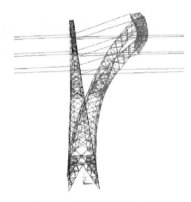

图 6-8 基准模型纵向 1 阶弯曲   图 6-9 试验模型纵向 1 阶弯曲

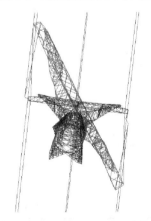

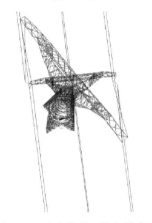

图 6-10 基准模型 1 阶扭转变形   图 6-11 试验模型 1 阶扭转变形

图 6-12　基准模型横向 2 阶弯曲

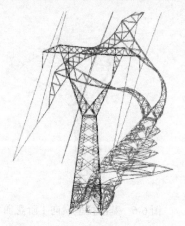

图 6-13　试验模型横向 2 阶弯曲

6.2.2　输电塔线体系的确定性模型修正

选取待修正参数时，本书通过之前的经验选取材料的弹性模量、线的弹性模量，因为它们的变化可以引起输电塔线体系动力特性变化。在经验选取的基础上，利用灵敏度分析的方法，删除灵敏度低的参数，保留灵敏度高的参数，选取塔头的主材、塔身的主材、横担朝 z 方向的斜材、K 型节点朝 z 方向上半部分的斜材、K 型节点朝 z 方向下半部分的斜材、塔身朝 z 方向的斜材、塔头朝 x 方向的斜材、塔身朝 x 方向的斜材、导线的弹性模量共九个待修正参数。

比较输电塔线体系基准模型和试验模型的模态发现，前六阶模态只有四阶模态的振型变化一致，所以对输电塔线体系进行优化时，选变化一致的四阶模态振型作为模型确认指标。

首先确定弹性模量的初值修正参数为[2.15　2.15　2.15　2.15　2.15　2.15　2.15　2.15　0.7]，如表 6-3 和图 6-14 所示。

表 6-3　弹性模量修正参数　　　　　　　　　　（单位：Pa）

阶数	基准模型	试验模型	差异矩阵
1	1.9070	1.9170	1.0020×10^{-2}
2	2.1570	2.1671	1.0051×10^{-2}
3	2.7120	2.6970	-1.4972×10^{-2}
4	5.1060	5.0912	-1.4812×10^{-2}

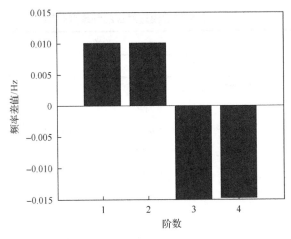

图 6-14　表 6-3 中的差异矩阵图

　　从图 6-14 得出的数据弹性模量对于输电塔线体系各阶频率有一定的优化效果，4 阶频率有正有负，第 1、2 阶频率差值在 0.010 左右，第 3、4 阶频率差值在–0.015 左右，各阶的频率差值还是比较大，还需要进一步的优化。

　　对于输电塔线体系来说，也存在迭代的次数非常多的情况，在 MATLAB 进行优化的过程中如果不采取相应的措施则将导致在求解过程反复调用 ANSYS 软件进行计算，运算效率很低。因此，需要建立响应面模型，响应面模型可以有效地降低计算成本，提高运算效率。

　　构建响应面模型，为了合理地模拟输入参数与输出响应之间的关系，需要在各输入参数变化范围内随机取一部分样本点，计算各个样本点对应的响应，然后建立随机响应面模型。在建立随机响应面模型时要考虑计算次数与模拟精度之间的比例关系，即确保在计算次数不多的状况下，随机响应面模型可以满足精度要求。本算法采用线性响应面，计算量小，计算速度快。经测试，当单步优化步长设置得较小时，利用线性响应面所确定的优化方向是较好的方向，可以引导整个优化向最优化点稳步靠近。

　　优化过程中的第 1 步线性响应面系数矩阵 $\boldsymbol{D}_f$ 如表 6-4 和图 6-15 所示。

　　观察图 6-15 发现，前两个弹性模量对 1、2 阶的频率变化率有一定的影响，第 3 个～第 5 个弹性模量对前四阶的频率变化率基本没有影响，第 6 个弹性模量对 3、4 阶的频率变化率影响最大，第 7 个～第 9 个弹性模量对频率变化率影响很小。

表 6-4　九个弹性模量对应的频率变化率

弹性模量/Pa	阶数			
	1	2	3	4
1	0.1087	0.1250	0.1382	0.2066
2	0.1173	0.2496	0.0093	0.3019
3	0.0225	0.0020	0.0133	0.0451
4	0.0187	0.0074	0.0030	0.0294
5	0.0429	0.0162	0.0449	0.0288
6	7.692×10^{-4}	0.0031	0.1878	0.5070
7	0.0110	0.0176	0.0349	0.0204
8	0.0016	0.0051	0.1354	0.0253
9	1.770×10^{-4}	0.0064	0.0213	0.0029

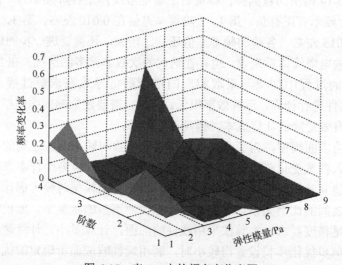

图 6-15　表 6-4 中的频率变化率图

　　首先建立线性响应面，运用 MATLAB 自带的二次规划 quadprog 函数进行求解，然后设置二次规划 quadprog 函数的上下界，利用二次规划 quadprog 函数优化，最后分别得出 9 个弹性模量的最优值，取刚计算出的 9 个弹性模量进行计算，分别得到基准模型和试验模型的差异矩阵与每次优化后的最小二乘法的值，如表 6-5 和图 6-16 所示。

表 6-5　每次优化之后的最小二乘法的值

优化次数/次	1	2	3	4	5	6
目标函数值	2.267×10^{-4}	9.505×10^{-5}	1.010×10^{-4}	9.945×10^{-5}	1.950×10^{-4}	1.612×10^{-4}

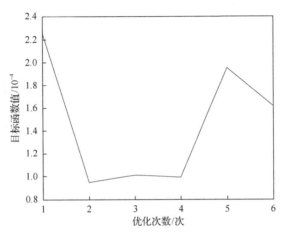

图 6-16　表 6-5 中目标函数值的折线图

　　观察图 6-16 发现，经过六次优化计算得到每次优化之后最小二乘法的目标函数值的精度达到了 10^{-4}，非常接近于零，说明所建立的输电塔线体系试验模型符合要求。

　　六次优化之后分别得到的每一次差异矩阵情况和差异矩阵数据折线图，如表 6-6 和图 6-17 所示。

表 6-6　最终的差异矩阵　　　　　　　　　　（单位：Hz）

优化次数	阶数			
	1	2	3	4
1	8.476×10^{-3}	-2.146×10^{-2}	-1.716×10^{-2}	-1.724×10^{-2}
2	-1.756×10^{-3}	-1.706×10^{-2}	-6.255×10^{-3}	-2.349×10^{-4}
3	-7.154×10^{-3}	-1.261×10^{-2}	1.222×10^{-2}	1.448×10^{-2}
4	-3.875×10^{-4}	-3.752×10^{-4}	-1.558×10^{-2}	-1.737×10^{-2}
5	-1.383×10^{-4}	-2.739×10^{-4}	-9.643×10^{-5}	-8.742×10^{-5}
6	1.624×10^{-4}	2.089×10^{-4}	1.501×10^{-2}	1.512×10^{-2}

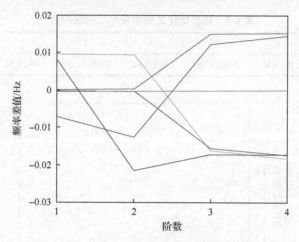

图 6-17　表 6-6 中每次差异矩阵的折线图

观察图 6-17 发现，经六次优化，每算出新的一次的差异矩阵都比上一次的效果更好，最终达到 10^{-4}，非常接近于零，说明输电塔线体系试验模型与基准模型频率基本相等。

第7章 输电塔抗台风性能评估方法

输电塔线系统是由高柔的输电塔和导线连接组成的一种复杂的空间耦合体系,具有质量轻、阻尼小、跨度大等特点,在强风作用下,结构易产生较大的变形,甚至因杆件的局部失稳而导致结构失效倒塌。因此,在输电塔的设计过程中,风荷载是一种重要的设计荷载,起到控制、决定作用。另外,输电导线与输电塔形成复杂的动力耦合体系,导地线在动力风荷载作下产生的动张力致使输电塔产生位移,而输电塔本身在风荷载的作用下亦会产生位移,这又使得导线内的张力发生进 步变化,塔-线间的动力耦合作用使其结构在风荷载激励下具有显著的非线性特性。我国输电塔线体系结构设计通常采用准静态设计方法,按照《架空输电线路杆塔结构设计技术规定》(DL/T 5154—2012)的规定,输电塔与导线分开进行设计,将动力风荷载以风振系数的形式等效为静力风荷载,该设计方法通常仅考虑导线静力风荷载的作用而忽略了导线与输电塔之间的动力耦合作用,准静态设计在进行此类结构性能分析时存在明显的局限性。因此,考虑结构的非线性及塔线耦合效应,进行特高压输电塔线体系整体的抗风性能评估,对输电塔结构设计具有十分重要的工程指导意义。

7.1 输电塔线抗台风性能评估基本方法

利用 MATLAB 将上述过程编写算法程序,以输电塔处于设计极限状态为输入,通过多次迭代反算其能承受的临界风速($\bar{v}^c$ 和 v^c),并以此临界风速作为抗台风性能评估的输出结果。算法流程见图 7-1。

7.2 输电塔线抗台风性能评估算法

脉动风场模拟及动力风荷载计算参照第 4 章方法进行。输电塔有限元建模参照第 2 章、第 6 章进行。输电塔风荷载作用下的动力分析按 4.1 节所述方法进行。输电塔结构抗力计算及校核根据《架空输电线路杆塔结构设计技术规定》(DL/T 5154—2012)进行。受拉杆件抗力按《架空输电线路杆塔结构设计技术规定》(DL/T 5154—2012)6.1.1 条进行校核;轴心受压杆件抗力按《架空输电线路杆塔结构设计技术规定》(DL/T 5154—2012)6.1.2 条进行校核。输电塔整体位移按《架空输电线路杆塔结构设计技术规定》（DL/T 5154—2012）5.2.1 条进行校核。

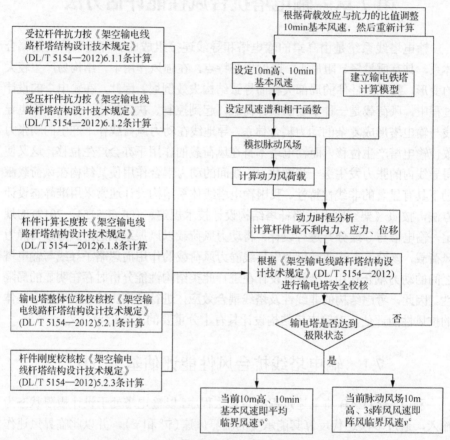

图 7-1　输电塔线抗台风性能评估算法流程

7.3　输电塔抗台风风险评估方法

7.3.1　基本方法

输电塔抗台风风险评估是指根据输电塔所在地区极值风速分布的统计结果，通过输电塔抗台风性能分析评估和概率计算，得到未来给定时间内，在强风作用下，输电塔超越设计极限状态的近似概率。

输电塔抗台风风险评估的计算过程，本质上是不确定性计算过程，因此首先需确定风险评估计算过程中的不确定量。在本书中，输电塔抗台风风险评估的不确定量有两种：①未来给定时间内输电塔所在地区的极值风速，具体指10m 高、10min 极值平均风速 $\bar{v}_{max}^r$（以下简称极值风速）；②输电塔本身所能抵御的临界风速，具体指 10m 高、10min 平均临界风速 $\bar{v}^c$（以下简称临界风速）。

未来给定时间内输电塔所在地区的极值风速是随机量，具体量值无法确定，但其概率分布可以基于历史统计数据和规范数值进行估算。本书中采用的办法是：根据最新的中国南方电网风区分布图以及《建筑结构荷载规范》（GB 50009—2012）中的基本风压分布数据，经修正和换算得到不同重现期对应的极值风速，假定极值风速分布为极值 I 型分布，根据不同重现期对应的极值风速，拟合极值 I 型分布控制参数，最终得到给定塔位极值风速分布曲线，并以此曲线为依据，进行输电塔抗台风风险评估。

输电塔临界风速也是不确定量，因为临界风速的计算过程中存在不确定性，如输电塔结构建模的不确定性、风场模拟的不确定性、风荷载计算的不确定性等，它们均会导致最终输电塔临界风速存在不确定性。临界风速的不确定性目前只能采用区间量来描述，其在区间内的分布可假定为均匀分布。区间上下界可通过不确定性计算求得，但目前只能考虑几个主要的不确定性因素。本书中考虑的不确定性因素有风速谱、相干函数、风荷载综合调整系数、与地面粗糙度有关的风速谱参数 K。

图 7-2 给出了输电塔抗台风风险评估计算模型。

7.3.2　临界风速区间的计算方法

风速谱主要包含 4 种：田浦谱、石沅谱、Davenport 谱和 Kaimal 谱。相干函数取值有 3 组：$[C_x、C_y、C_z]$取[8、16、10]、[3、8、8]或[16、8、10]。风荷载综合调整系数取值区间为[0.9,1.1]，均匀分布，拟取 0.9、1.0、1.1。与地面粗糙度有关的风速谱参数 K 取值区间为[0.002, 0.008]，均匀分布，间隔为 0.001，共 7 组。上述不确定性参数的组合共有 $4 \times 3 \times 3 \times 7 = 252$ 种组合。根据 7.2 节给出的输电塔抗台风性能评估算法，分别计算 252 种组合对应的临界风速，取上下限作为临界风速区间。本书计算了多种塔型在上述各种组合下的平均临界风速，结果表明，平均临界风速上下变动范围基本在 4m/s，因此本书统一取临界风速不确定性区间宽度为 4。

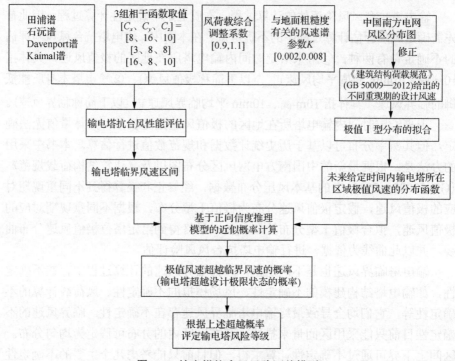

图 7-2　输电塔抗台风风险评估模型

7.3.3　台风最大风速的概率分布模型

《建筑结构荷载规范》(GB 50009—2012)给出了深圳地区重现期为 10年、50 年和 100 年的基本风压,如表 7-1 所示。其他重现期的相应值可按式(7-1)确定:

表 7-1　深圳地区的基本风压

城市名	海拔/m	基本风压/(kN/m²)		
		10 年重现期	50 年重现期	100 年重现期
深圳	18.2	0.45	0.75	0.90

$$X_R = X_{10} + (X_{100} - X_{10})\left(\frac{\ln R}{\ln 10} - 1\right) \tag{7-1}$$

式中,X_R 为重现期为 R 年时的基本风压;X_{10} 为重现期为 10 年时的基本风压;X_{100} 为重现期为 100 年时的基本风压。

用 200 替换 R 即可求得重现期为 200 年的基本风压值，计算结果为 1.3055kN/m^2。《建筑结构荷载规范》(GB 50009—2012)给出了基本风速 V_0 与基本风压 W_0 的关系式：

$$W_0 = \frac{1}{2}\rho V_0^2 \tag{7-2}$$

对式(7-2)进行变形，得

$$V_0 = \sqrt{\frac{2W_0}{\rho}} \tag{7-3}$$

式中，ρ 为空气密度，$\rho = 0.00125 e^{-0.0001z}$ (t/m^3)，z 为深圳地区的海拔(18.2m)，ρ 的计算结果为 0.0012(t/m^3)。

根据式(7-3)，由《建筑结构荷载规范》(GB 50009—2012)给出的深圳市的基本风压可以计算出深圳市不同重现期的基本风速，如表 7-2 所示。

表 7-2　深圳市不同重现期的基本风速　　　　　(单位：m/s)

重现期	10 年	50 年	100 年	200 年
基本风速	27.39	35.46	38.73	41.54

根据最新的中国南方电网风区分布图，对表 7-2 中的各重现期基本风速进行调整。中国南方电网风区分布图中只给出了 50 年一遇的极值风速，因此其他重现期的极值风速可根据中国南方电网风区分布图中 50 年一遇的极值风速与表 7-2 中 50 年一遇的极值风速之比进行相应的调整。

重现期 T 与台风年极值风速 X_r 的对应关系可由式(7-4)给出：

$$F(X_r) = 1 - \frac{1}{T} \tag{7-4}$$

式中，$F(X_r)$ 为台风年极值风速的分布函数。

本书中台风年极值风速分布模型采用 Gumbel 分布，即极值 I 型分布。极值 I 型分布有两个参数，这两个参数可通过最小二乘法拟合的方式来确定，拟合数据为各个重现期及对应的年极值风速。应用上述方法可以确定深圳地区台风极值风速分布函数，从而为后续近似失效概率计算奠定基础。本书已编写了台风极值风速分布函数的计算程序，可根据规范数据计算出台风年极值风速分布函数及概率密度函数，程序示意图如图 7-3 所示。根据表 7-2 计算出的台风极值风速概率密度函数与分布函数如图 7-4 所示。

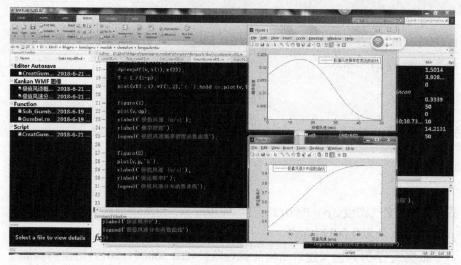

图 7-3　台风年极值风速分布算法程序示意图

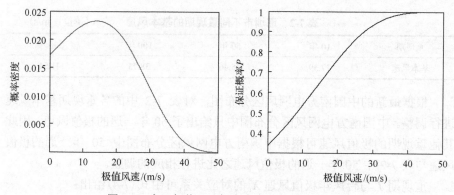

图 7-4　台风极值风速概率密度函数及分布函数

2017 年和 2018 年中国南方电网相继发布了《南方电网沿海地区设计基本风速分布图(2017 版)》和《南方电网沿海地区 100 年一遇设计基本风速分布图(2018 版)》,在应用上述方法计算极值风速分布前,需首先根据上述风区分布图修正《建筑结构荷载规范》(GB 50009—2012)中各重现期的极值风速,然后根据修正后的极值风速值求取极值风速分布。

7.4　近似概率计算方法(信度计算模型)

信度是基于有限区间假定的区段事件的近似主观概率,可以将信度简单理解为近似概率，信度计算其实就是近似概率的计算，下面进行详细描述。

7.4.1　有限区间

　　理论上讲，不确定量 a 的可能取值区间一般为实数域，但在通常情况下，其取值大部分集中在某个区间内，因此为了简化计算，本书近似认为不确定量 a 只在某个有限区间内取值，即本书采用有限区间来描述不确定量 a 的可能取值范围。

7.4.2　有限事件法

　　理论上讲，不确定量 a 在其有限区间内是连续分布的，通常采用概率密度函数描述其分布特征，但上述处理方式将造成很大的理论分析难度，并且在联合概率计算过程中必然涉及多重积分，当不确定量较多时，计算多重积分将出现"维数灾难"现象。针对上述问题，借鉴有限单元法思想，本书提出了有限事件法，将连续概率计算问题转化为离散概率计算问题。简单地讲，有限事件法是将有限区间划分为有限个区段，将事件"不确定量 a 的值落在某个区段内"称为一个区段事件，则每个区段对应一个区段事件，不确定量在其有限区间内的可能取值情况可由有限个区段事件的概率来描述。对于某个给定的区段事件而言，尽管不确定量在对应区段内仍然为不确定量(可以取区段内的所有可能值)，但是当有限区间被划分为多个区段时，每个区段宽度一般已经较小，因此在区段内不确定量的不确定性已较小，此时可将该区段内不确定量的概率分布简化为均匀分布或线性分布，进而可将区段中某个特征点(如中心点或区段内概率分布的期望点)对应的不确定量值作为区段事件的代表值，并采用代表值进行后续计算。

　　有限事件法的基本思想来源于结构分析中的有限单元法，其优越性是可将连续问题转化为离散问题，对于每个区段事件而言，后续的各类计算将大大简化，同时可利用全概率公式将每个区段事件的概率计算结果合成为有限区间的总体概率计算结果。

7.4.3　组合爆炸

　　有限事件法是多参数复杂系统不确定性计算的实用方法。但当参数较多且有限区间的区段划分较多时，有限事件法在概率合成计算过程中会遇到与多重积分计算中"维数灾难"同类的"组合爆炸"问题，这是有限事件法需要解决的最核心的问题。解决"组合爆炸"问题的方法是根据具体问题的计算流程，找到合并和压缩组合数量的方法，后续有详细论述。

7.4.4　区段事件的信度分布

区段事件的主观概率是指对该区段事件发生的可能性所给出的主观信念的程度。根据区段事件的定义，某个不确定量 a 的有限区间中所有区段事件的主观概率之和应小于等于 1。为了近似计算，假定不确定量 a 只在有限区间内取值，其分布情况由信度分布来描述。定义：区段事件的信度等于该区段事件的主观概率与所有区段事件的主观概率之和的比值。显然信度是基于有限区间假定的区段事件的近似主观概率，其值略大于主观概率。由信度的定义可知，在有限区间内，所有区段事件的信度之和恒等于 1，在有限区间之外不存在信度概念，或认为信度恒等于 0。所有区段事件的信度构成了区段事件的信度分布，区段事件的信度分布是对各区段事件发生的可能性的主观信念程度的总体描述。信度也是一种概率测度，它满足概率的三条公理，因此所有概率计算公式都可以用于信度计算。为了便于数学表达，仍采用概率符号 $P(A)$ 来表示信度值。在本书后续计算公式中，如未特别指出，$P(A)$ 均代表信度计算，其中 A 代表区段事件。

7.4.5　正向信度计算模型

正向信度计算模型指考虑输入数据和状态参量的不确定性，经由不确定性推理和计算，得到某目标未确知量信度值的推理计算模型。

不失一般性，假设安全校核计算模型由式 (7-5) 表示：

$$y = f(\boldsymbol{X}, \boldsymbol{\theta}) \tag{7-5}$$

式中，$\boldsymbol{X}$ 为输入向量，$\boldsymbol{X} = [X_1, X_2, \cdots, X_N]$；$y$ 为计算结果，$y = 0$ 表示安全，$y = 1$ 表示失效；$\boldsymbol{\theta}$ 为状态参量，$\boldsymbol{\theta} = [\theta_1, \theta_2, \cdots, \theta_M]$。

显然当 $\boldsymbol{X}$ 和 $\boldsymbol{\theta}$ 为确定量时，输出 y 为确定量，但当 $\boldsymbol{X}$ 和 $\boldsymbol{\theta}$ 为不确定量时，输出 y 则为不确定量，可采用信度来描述 y 的不确定性。设事件：$Y = \{y \mid y = 1\}$，则正向信度计算模型的求解目标为 $P(Y)$。

假设将 X_i 的有限区间划分为 $N_i^{[X]}$ 个区段，则 X_i 在每个区段内的代表值的集合为 $\{x_{i,1}, x_{i,2}, \cdots, x_{i,N_i^{[X]}}\}$；$\theta_i$ 同理。假设 $\boldsymbol{X}$ 和 $\boldsymbol{\theta}$ 的各分量之间相互独立，不确定量 $\boldsymbol{X}$ 和 $\boldsymbol{\theta}$ 的所有可能的取值组合有 $N^{[C]}$ 种，则 $N^{[C]}$ 由式 (7-6) 确定：

$$N^{[C]} = \left(\prod_{i=1}^{N} N_i^{[X]} \right) \cdot \left(\prod_{j=1}^{M} N_j^{[\theta]} \right) \tag{7-6}$$

设事件：$C_{[k]}$ 为 X 和 θ 按第 k 种组合方式取值，全部组合事件 $C_{[k]}$ 构成了完备事件组，且它们两两互不相容，其和为全集。设事件：$Y = \{ y \mid y = 1 \}$，则根据全概率公式，事件 Y 的信度可由式(7-7)给出：

$$P(Y) = \sum_{k=1}^{N^{[C]}} P(Y \mid C_{[k]}) P(C_{[k]}) \tag{7-7}$$

式(7-7)中 $P(Y \mid C_{[k]})$ 的含义为事件 $C_{[k]}$ 发生的条件下，事件 Y 发生的概率。事件 $C_{[k]}$ 发生时，X_i 和 θ_i 仍然不确定，但其可变范围已较小，只能在区段之内。根据有限事件法，此时可采用 X_i 和 θ_i 所在区段内的代表值来计算 $P(Y \mid C_{[k]})$，或假定区段内的概率分布为线性分布来计算 $P(Y \mid C_{[k]})$。上述简化计算方式必然带来误差，但当有限区间被划分得较密时，这种误差会逐渐变小。在本模型中采用 X_i 和 θ_i 所在区段内的代表值来计算 $P(Y \mid C_{[k]})$，如式(7-8)所示：

$$P(Y \mid C_{[k]}) = f(X_{[k]}, \theta_{[k]}) \tag{7-8}$$

式(7-7)中，$P(C_{[k]})$ 由 X_i 和 θ_i 的分布决定，设 X_i 的信度分布为 $\{F_{i,1}^{[X]}, F_{i,2}^{[X]}, \cdots, F_{i,N_i^{[X]}}^{[X]}\}$，$\theta_i$ 的信度分布为 $\{F_{i,1}^{[\theta]}, F_{i,2}^{[\theta]}, \cdots, F_{i,N_i^{[\theta]}}^{[\theta]}\}$，第 k 种组合方式中 X_i 对应的区段事件的序号为 $I_{i,k}^{[X]}$，θ_i 对应的区段事件的序号为 $I_{i,k}^{[\theta]}$，则 $P(C_{[k]})$ 的值由式(7-9)计算：

$$P(C_{[k]}) = \left(\prod_{i=1}^{N} F_{i,I_{i,k}^{[X]}}^{[X]} \right) \cdot \left(\prod_{j=1}^{M} F_{j,I_{j,k}^{[\theta]}}^{[\theta]} \right) \tag{7-9}$$

综合式(7-7)～式(7-9)可得基于有限事件法及全概率公式的信度计算模型，如式(7-10)所示：

$$P(Y) = \sum_{k=1}^{N^{[C]}} \left(f(X_{[k]}, \theta_{[k]}) \cdot \left(\prod_{i=1}^{N} F_{i,I_{i,k}^{[X]}}^{[X]} \right) \cdot \left(\prod_{j=1}^{M} F_{j,I_{j,k}^{[\theta]}}^{[\theta]} \right) \right) \tag{7-10}$$

需要说明的是：如果式(7-5)中输出量 y 在区间[0, 1]内取值，则 $P(Y\,|\,C_{[k]})$ 仍可按式(7-8)计算，此时输出量 y 具有模糊隶属度的含义，对应的 $P(Y\,|\,C_{[k]})$ 为模糊信度。式(7-10)给出的信度计算模型的核心思想是：采用有限事件法将连续问题转化为离散问题，利用全概率公式将考虑多个不确定量的概率求解问题转化为在"不同情况"下发生的简单事件概率的求和问题。

7.4.6　条件信度计算模型

条件信度计算模型指考虑状态参量的不确定性，经由不确定性推理和计算，得到某目标未确知量的条件信度值的推理计算模型。

设某无解析形式的确定性映射由式(7-11)给出：

$$y = f(x, \boldsymbol{\theta}) \tag{7-11}$$

式中，x 为输入，$x \in \{0,1\}$；y 为输出，$y \in \{0,1\}$；$\boldsymbol{\theta}$ 为状态向量，$\boldsymbol{\theta} = [\theta_1, \theta_2, \cdots, \theta_M]$。设事件：$Y = \{y\,|\,y = 1\}$，事件：$X = \{x\,|\,x = 1\}$，则条件信度计算模型的求解目标为条件信度值 $P(X\,|\,Y)$。

假设没有关于 X 的先验信息，则 X 的先验概率 $P(X) = 0.5$, $P(\bar{X}) = 0.5$，由贝叶斯公式经整理得

$$P(X\,|\,Y) = \frac{P(Y\,|\,X)}{P(Y\,|\,X) + P(Y\,|\,\bar{X})} \tag{7-12}$$

式中，$P(Y\,|\,X)$ 和 $P(Y\,|\,\bar{X})$ 为正向信度。

7.5　抗风可靠度分级指标

我国电网建设发达程度已逐渐接近欧美发达国家，沿海地区的经济密度，特别是用电密度已接近甚至超过欧美发达国家，同时我国电网网架复杂且为大电网，线路灾害停电对系统冲击影响较大，台风中伴随的洪涝灾害又需要稳定的电力供应予以应对，因此沿海大风区的线路防风可靠度水平应达到欧美标准建议的水平。

欧洲标准、美国标准、IEC 标准等国际较为通行的规范均以杆塔所能耐受的极限风荷载的发生概率为线路抗风可靠度评价尺度。50 年一遇为欧洲标准、美国标准、IEC 标准确定的除临时线路外的线路最低可靠度水平，因此

耐受风荷载(风速)为 50 年一遇以下的可定义为不可靠,30 年一遇以下甚至已经低于欧美对临时线路可靠度水平的要求,因此定义为极不可靠。在欧洲标准、IEC 标准中,可靠度中位水平为 150 年一遇,并建议 230kV 以上线路及重要骨干线路应至少达到此可靠度水平。抵御 100 年一遇灾害已基本满足我国对基础设施安全可靠要求的心理期望,因此,本书将 100 年一遇确定为基本可靠,200 年一遇确定为可靠。耐受风荷载达到 50 年但达不到 100 年的,仅为欧美线路的起步可靠度水平,考虑到中国南方电网为大电网且沿海地区一般为经济发达地区,其主网线路宜高于欧美起步可靠度水平,因此定义为不太可靠。对于 400 年一遇的相当于欧美最高可靠度水平的耐受风荷载,可评价为非常可靠。我国电网规模大于欧美,风灾中线路破坏引起的社会经济影响甚至大于欧美,另外,特高压线路也是欧美国家没有的,因此设定 800 年一遇为中国南方电网乃至中国电力行业最高电网可靠度水平,定义为极可靠。

依据我国线路可靠度级别应与欧美发达国家基本相当的构想、我国电网建设现状和中国南方电网沿海地区经济发展水平,建议采用如表 7-3 所示的可靠度分级标准。

表 7-3 可靠度分级标准

可靠度级别	设计气象荷载重现期/年	对应的超越概率	评价
1	<30	>0.0330	极不可靠
2	30	0.0330	不可靠
3	50	0.0200	不太可靠
4	100	0.0100	基本可靠
5	200	0.0050	可靠
6	400	0.0025	非常可靠

第 8 章　输电塔全场应力在线监测
系统设计及安装调试

8.1　监测系统总体架构

本章开发了输电塔全场应力在线监测系统，为风致倒塔提供预警。该监测系统采用振弦式应变传感器监测输电塔杆件应变，采用倾角传感器监测输电塔倾斜及绝缘子串的倾角，采用风速风向仪监测风速和风向数据，采用加速度传感器监测关键点的振动加速度，上述传感器均通过有线方式与现场数据采集单元连接。现场数据采集单元拟由数据采集主机、扩展模块、模拟量采集模块、无线传输模块、太阳能+蓄电池供电、防雷接地系统及机箱组件等构成[14]。现场设备的监测数据通过无线方式传输到远程监控中心。监控中心服务器上运行监测平台软件及输电线路风致倒塔预警软件，实现数据接收、存储、显示、综合分析及倒塔预警功能。输电塔全场应力在线监测系统的总体架构如图 8-1 所示。

8.2　数据传输方案

本书主要的监测指标为应变、倾角及加速度，信号传输与存储的实时性要求高，同时塔体结构复杂，施工本身难度较大，需要信号采集和传输系统尽可能减少对施工的干扰，这对数据采集系统的软硬件提出了很高的要求。考虑到有线传输方式对本书的结构施工极为不便，因此，分布式的测量系统和无线传输是本书施工监测的首选。

考虑到现场环境条件，本书拟采用无线数据传输方式，借助 GPRS 网络实现数据传输，只要手机信号可达之处，即可进行传输，传输范围较广，而且对周边环境和车辆、人员影响小。具体 GPRS 数据传输服务器系统工作模式见图 8-2。

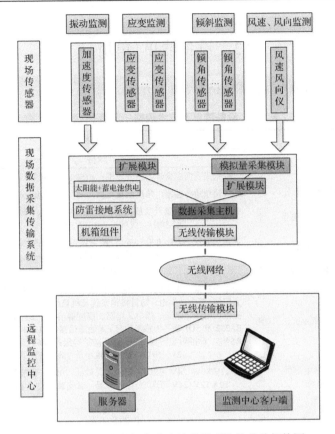

图 8-1　输电塔全场应力在线监测系统的总体架构图

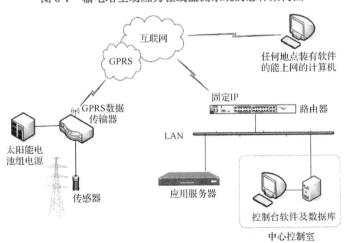

图 8-2　GPRS 数据传输服务器系统框图

8.3　设备清单(单塔)

单塔的设备清单及技术规格如表 8-1 所示。

表 8-1　设备清单及技术规格一览表(单塔)

序号	名称	单位	项目要求	
			型式、规格	数量
1	表面应变计	支	振弦式表面应变计。应变范围：±1500με。灵敏度：0.5με	25
2	倾角传感器	个	双轴倾角传感器，角度测量范围：±5°。灵敏度：±0.005°	12
3	振动加速度传感器	个	振动加速度传感器及其放大器，测量范围：±2.0g。频响范围：DC-30Hz。灵敏度：0.13V/(m·s^{-2})	8
4	风速风向仪	支	风速风向仪。范围：0.3～60m/s，测量误差：±0.3m/s(≤10m/s)，±(0.03v)m/s(>10m/s)	2
5	传感器保护盒	个	定制	47
6	数据采集单元	套	由 1 个数据采集主机、3 个扩展模块及 1 个模拟量采集模块、太阳能+蓄电池供电、防雷接地系统及机箱组件等组成。支持振弦、电压、电流、频率、电阻、温度等信号；支持 RS485、RS232 及 SDI 数字传感器信号。无线通信接口：USB、RS232、RS485。标准钣金密封防护机箱，防护等级：IP66。工作温度：−25～50℃，相对湿度小于 98%RH	1
7	太阳能+蓄电池供电系统	套	含 12V/80W(24V 可选)太阳能多晶硅板，100AH 铅酸蓄电池，10A/12V(24V 可选)充电控制器，含安装支架、电池箱	2
8	电缆	米	4 芯屏蔽	2000
9	电缆护管	米	PVC 保护管	100
10	无线 3G/4G 数据传输模块	套	无线 4G 数据传输，需安装 4G 手机卡	1
11	其他辅助模块	套	系统集成的必要附件	1

8.4　测点布置方案

本次传感器布置：每座输电塔分别布置 25 个表面应变计、12 个双轴倾角传感器、8 个单向加速度传感器以及 2 个风速风向仪，共计 47 个测点。两座输电塔传感器采用相同布置方案，数据采集箱、太阳能电池板以及蓄电池根据核惠线 12 号及 26 号输电塔塔腿高度不同进行相应调整。

8.4.1　应变测点布置

由于本书中输电塔可能承受台风荷载，在现场测点布置时，应综合分析初始布置方案及现场实际情况，将表面应变计按照初始设计方案，在受力薄弱区进行布置。将输电塔分为 A、B 两面，传感器采取对称布置，A 面布置 13 个测点，其中在下部塔腿应变微小处布置 1 个表面应变计，用于检测温度变化造成的塔材应变。B 面布置 12 个测点。

8.4.2　倾角测点布置

本书倾角测试的目的是监测塔身的倾斜和变形。基于上述目的并考虑设备体积及输电塔角钢特殊性，现场测点位置选择在各层横铁高度处，每个断面处布置 4 个传感器，这样的布置方式为冗余布置，主要考虑数据相互验证和校核。综上所述，可得到如图 8-3 所示的应变测点布置。

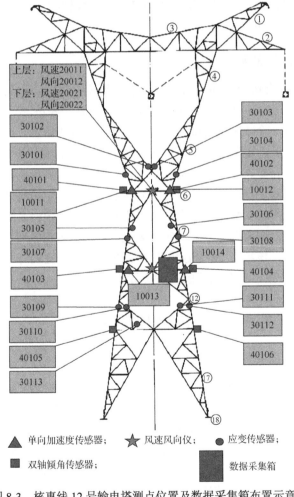

图 8-3　核惠线 12 号输电塔测点位置及数据采集箱布置示意图

8.4.3　加速度测点布置

设置加速度传感器的目的主要有两方面：测试输电塔模态频率和计算输电塔关键点的位移。基于上述目的，本书加速度测点布置应尽量靠上，这样振动响应会比较大。但考虑到本书线路带电，以及施工安全和电磁干扰，传感器不宜布置在导线附近及横担区域。另外，在测点布置前，需要建立输电塔有限元模型，进行模态分析，得到输电塔前 10 阶振型，加速度测点布置时需避开输电塔振型的零值位置，以便使加速度传感器的信号中包含各阶振动成分，从而方便模态频率的提取。综上所述，加速度传感器在安装过程中，布置在酒杯根部区域，即最上层横铁以及第二层横铁处，各方向各布置 1 个测量点，具体位置见图 8-3。

8.4.4　风速风向仪布置

本书中将 2 台风速风向仪布置在输电塔酒杯中间横铁和上部横铁处，这样在高度上分开布置，有助于台风荷载的空间相关性修正。

在图 8-3 中，除风速风向仪外，其余传感器均双侧布置，风速风向仪大致位置如图 8-3 所示，实际安装时需要安装支架，并伸出输电塔一定长度；应变传感器中有一个布置在受力较小的辅材上，主要用于温度影响的校验；由于线路带电，考虑到施工安全，传感器均安装在导线以下一定距离之外，上部横担未安装；数据采集箱安装在塔腿上，具体位置由现场确定；太阳能板和电池位置由现场确定，原则为确保安装稳定和采光；切记，备料时要留出富余量。

在图 8-4 中，核惠线 26 号输电塔数据采集箱布置位置与图 8-3 中核惠线 12 号输电塔不一致，其余仪器的布置位置均相同。

8.5　传感器安装方案

8.5.1　应变传感器安装

应变传感器的安装位置均为铁塔应力较大处。在这些位置焊接会导致钢材局部材性变化，且会出现焊接应力和焊接变形，对结构受力产生不利影响；在这些位置打孔会产生应力集中问题，而且防腐也比较难做，而螺栓孔一旦腐蚀，就会增大应力集中问题，对结构受力也会产生不利影响。考虑到本书线路为核电站出线，非常重要，不容有任何风险，因此本书应变传感器的安装采用黏接方式，现场安装流程如下。

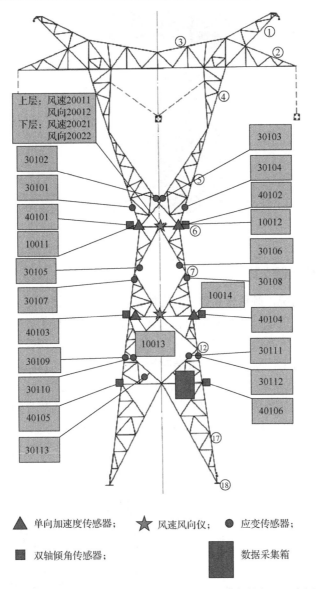

上层：风速20011
　　　风向20012
下层：风速20021
　　　风向20022

30102

30101

40101

10011

30105

30107

40103

30109

30110

40105

30113

30103

30104

40102

10012

30106

30108

40104

30111

30112

40106

10014

10013

▲ 单向加速度传感器；　　★ 风速风向仪；　　● 应变传感器；

■ 双轴倾角传感器；　　　　　　　　数据采集箱

图 8-4　核惠线 26 号输电塔测点位置及数据采集箱布置示意图

在安装位置打磨出黏接面，两个 3cm×3cm 的区域，间距 100mm/150mm；将装有试棒的夹具黏接至被测构件上；用传感器替换试棒，夹紧即可；对打磨面暴露处进行防腐处理。图 8-5 为安装示意图，与钢结构表面安装方法不同(仅安装表面处理和固定)。

图 8-5　应变传感器的安装图

8.5.2　倾角传感器安装

根据现场情况，倾角传感器安装在断面应力较小的辅材处，根据辅材角钢界面面积特性，采取打孔及黏接结合方式，在输电塔辅材上打两个孔，通过螺丝及螺帽对倾角传感器进行调平，最后，结合 AB 胶及玻璃胶将倾角传感器黏接在输电塔辅材上，双轴倾角计安装时统一按"$X+$"方向朝向固定方向。按如下方式打孔：在欲安装位置钻 2 个直径 5mm 的安装孔，孔截面为 64mm×64mm；用 M4 螺丝将传感器固定在安装位置上；采用螺帽加螺丝垫片的方式对传感器进行找平；用玻璃胶及 AB 胶进行黏接；进行必要的防腐处理；安装保护盒，采用 AB 胶黏接，用玻璃胶进行防水封装，安装后进行防腐处理；用铝丝将传感器保护盒绑在塔身上，防止保护盒掉落。倾角传感器现场安装图如图 8-6 所示。

图 8-6　倾角传感器现场安装

8.5.3　加速度传感器安装

单向加速度传感器(图 8-7)采用黏接方式安装在布置位置,具体防腐防水措施与倾角传感器相同。

图 8-7　加速度传感器安装

8.5.4　风速风向仪安装

现场安装时,考虑风速风向支架的特殊性,在辅材上打孔,将安装支架通过螺丝固定在欲安装位置;将传感器固定在安装支架顶端,如图 8-8 所示。

图 8-8　现场风速风向仪安装示意图

8.6　走线方案

现场安装过程中走线分为三部分：设备接头处出线、线路沿输电塔布置以及导线接入数据采集箱。为防止出现设备受力拉损情况，在传感器一端预留部分长度导线，用铝丝绑扎在铁塔上；各设备导线按照所处位置不同，分别沿斜材及辅材角钢汇聚至各塔角主材角钢内侧，沿主材走线，最后通过数据采集箱所在横隔材角钢，汇聚至数据采集箱位置。在数据采集箱附近，由于施工条件的限制，部分导线冗余，将多余导线绑扎在铁塔角钢之上。走线现场如图 8-9 所示。

图 8-9　走线现场照片

8.7　数据采集、传输及系统综合调试

1. 数据采集与传输

数据传输分为两部分：第一部分由传感器感应数据产生电压脉冲，通过导线传递给数据采集箱；第二部分由数据采集箱通过无线网卡发送信号至远程监控中心或云端。

核惠线 12 号输电塔：考虑到 12 号输电塔塔腿高度较低，将数据采集箱及太阳能电池板装置安装在第二层横铁上，现场电池线长度有限，将数据采集箱放置在两电池箱中间位置，以便施工，太阳能电池板方向朝南，均采用螺栓及夹具固定在输电铁塔上。具体位置如图 8-10 所示。

图 8-10　核惠线 12 号输电塔数据采集箱及太阳能装置安装位置示意图

2. 系统综合调试情况

核惠线 12 号输电塔系统设备调试情况如表 8-2 所示。

表 8-2　核惠线 12 号输电塔系统设备调试情况表

传感器编号	采样频率	传感器状态	传感器编号	采样频率	传感器状态
JSD10011	20ms	正常	YB30108	10min	正常
JSD10012	20ms	正常	YB30109	10min	正常
JSD10013	20ms	正常	YB30110	10min	正常
JSD10014	20ms	正常	YB30111	10min	正常

续表

传感器编号	采样频率	传感器状态	传感器编号	采样频率	传感器状态
JSD10021	20ms	正常	YB30112	10min	正常
JSD10022	20ms	正常	YB30113	10min	正常
JSD10023	20ms	正常	YB30201	10min	正常
JSD10024	20ms	正常	YB30202	10min	正常
FX2011	500ms	正常	YB30203	10min	正常
FS2012	500ms	正常	YB30204	10min	正常
FX2021	500ms	正常	YB30205	10min	正常
FS2022	500ms	正常	YB30206	10min	正常
YB30101	10min	正常	YB30207	10min	正常
YB30102	10min	正常	YB30208	10min	正常
YB30103	10min	正常	YB30209	10min	正常
YB30104	10min	正常	YB30210	10min	正常
YB30105	10min	正常	YB30211	10min	正常
YB30106	10min	正常	YB30212	10min	正常
YB30107	10min	正常	YB30213	10min	正常
QJ40101-X	10min	正常	QJ40201-X	10min	正常
QJ40101-Y	10min	正常	QJ40201-Y	10min	正常
QJ40102-X	10min	正常	QJ40202-X	10min	正常
QJ40102-Y	10min	正常	QJ40202-Y	10min	正常
QJ40103-X	10min	正常	QJ40203-X	10min	正常
QJ40103-Y	10min	正常	QJ40203-Y	10min	正常
QJ40104-X	10min	正常	QJ40204-X	10min	正常
QJ40104-Y	10min	正常	QJ40204-Y	10min	正常
QJ40105-X	10min	正常	QJ40205-X	10min	正常
QJ40105-Y	10min	正常	QJ40205-Y	10min	正常
QJ40106-X	10min	正常	QJ40206-X	10min	正常
QJ40106-Y	10min	正常	QJ40206-Y	10min	正常

核惠线 26 号输电塔系统设备调试情况如表 8-3 所示。

表 8-3　核惠线 26 号输电塔系统设备调试情况表

传感器编号	采样频率	传感器状态	传感器编号	采样频率	传感器状态
JSD10011	20ms	正常	YB30108	10min	正常
JSD10012	20ms	正常	YB30109	10min	正常
JSD10013	20ms	正常	YB30110	10min	正常
JSD10014	20ms	正常	YB30111	10min	正常
JSD10021	20ms	正常	YB30112	10min	正常
JSD10022	20ms	正常	YB30113	10min	正常
JSD10023	20ms	正常	YB30201	10min	正常
JSD10024	20ms	正常	YB30202	10min	正常
FX2011	500ms	正常	YB30203	10min	正常
FS2012	500ms	正常	YB30204	10min	正常
FX2021	500ms	正常	YB30205	10min	正常
FS2022	500ms	正常	YB30206	10min	正常
YB30101	10min	正常	YB30207	10min	正常
YB30102	10min	正常	YB30208	10min	正常
YB30103	10min	正常	YB30209	10min	正常
YB30104	10min	正常	YB30210	10min	正常
YB30105	10min	正常	YB30211	10min	正常
YB30106	10min	正常	YB30212	10min	正常
YB30107	10min	正常	QJ40201-X	10min	正常
QJ40101-X	10min	正常	QJ40201-Y	10min	正常
QJ40101-Y	10min	正常	QJ40202-X	10min	正常
QJ40102-X	10min	正常	QJ40202-Y	10min	正常
QJ40102-Y	10min	正常	QJ40203-X	10min	正常
QJ40103-X	10min	正常	QJ40203-Y	10min	正常
QJ40103-Y	10min	正常	QJ40204-X	10min	正常
QJ40104-X	10min	正常	QJ40204-Y	10min	正常
QJ40104-Y	10min	正常	QJ40205-X	10min	正常
QJ40105-X	10min	正常	QJ40205-Y	10min	正常
QJ40105-Y	10min	正常	QJ40206-X	10min	正常
QJ40106-X	10min	正常	QJ40206-Y	10min	正常
QJ40106-Y	10min	正常			

8.8　监测平台软件开发

监测平台采用 B/S 架构，监测平台软件运行于监测服务器中，用户无须安装客户端软件，只要通过浏览器访问监测平台网站即可应用该平台。本书中监测平台的主要功能如表 8-4 所示。

表 8-4　监测平台主要功能

平台	系统	模块	功能点	说明
输电塔在线监测平台	数据、信息展示系统	工程管理	百度地图导航	在平台首页使用百度地图定位一个或多个项目地点，并显示其信息
			工程信息管理	编辑工程信息、显示工程详细信息
			二维图显示	利用二维图，关联相应传感器位置并标记显示其详细信息
		数据管理	静态设备数据显示	用表格和曲线的形式显示选定时间内静态设备所采集的物理量及工程量，并可以将数据导出存为 Excel 文件
			动态设备数据显示	用表格和曲线的形式显示选定时间内动态设备所采集的物理量及工程量，并可以将数据导出存为 Excel 文件
			数据回放	选定时间，动态回放该时间段内的数据变化
			实时数据显示	动态显示最新一段时间数据，并在图表中有各级预警线
		计算分析与评估	特征量数据显示	接入 MATLAB 函数计算相应特征量，以曲线形式显示 MATLAB 计算出的各个特征量
	信息配置系统	监测设备管理	采集器管理	显示各采集器详细信息、编辑各采集器信息，可编辑采集器类型、名称、型号、数据传输方式、IP地址等
			传感器管理	显示各采集器详细信息、编辑各采集器信息，可编辑传感器类型、名称、型号、公式配置、单位等
		系统管理	用户管理	用户权限、状态管理
			日志管理	显示平台各用户操作记录
			数据字典	查询平台所涉及的采集器、传感器名称、单位名称等
	登录系统	登录管理	用户登录	用户名、密码登录
	数据解析系统	数据解析	数据拆分	将服务器接收到的数据进行拆分
		数据处理	数据转换	拆分后的传感器数据进行物理量到工程量的转化
			数据存储	采样时间、物理量、工程量等信息和监测数据按照设计规则存储入库，为查询提供数据服务

第9章 输电塔抗风局部加固措施研究

9.1 输电塔加固技术研究概述

随着我国社会和经济的快速发展、科技的不断进步、钢结构设计标准的不断完善以及对电力系统整体需求的不断提高,输电电压等级也不断提高,输电塔结构正逐渐向大跨、高耸以及特高压的方向快速发展。2008 年冰灾的发生和台风频繁登陆我国东南沿海地区,使得现有输电塔倒塌现象时有发生,或者现有的输电塔因为锈蚀等缺陷,出现局部屈服失稳和强度不足现象,导致现有的输电塔不能满足极端条件下的安全工作要求。

由于输电线路多处于恶劣的环境条件下,易遭受雨雪冰冻、强风等自然灾害,杆塔极易受到破坏,发生局部屈曲,严重的覆冰和积雪会导致输电线路机械和电气性能急剧下降,引起绝缘子闪络、线路跳闸、断线、倒塔、导线舞动和通信中断等事故。除破坏严重的杆塔将直接重建外,大多数输电塔经过恢复或加固仍可以永久使用。因此,采取行之有效的加固方法对旧塔进行加固迫在眉睫。

台风"山竹"于 2018 年 9 月 16 日 17 时在台山市海宴镇登陆,中心附近最大风力为 14 级,强台风狂虐广东大地,但是在这次的强台风"山竹"灾害中,位于江门地区的 220kV 铜水线 25#塔等 8 座基塔、110kV 唐都甲乙线 34#塔、110kV 唐渔甲线 11#塔,在台风的正面洗礼下安然无恙。原因在于其使用了加固技术,极大限度地增加了铁塔的坚固程度,将台风对电网的伤害降到最低。目前,该技术在江门地区试点应用,另外在珠海进行了大量保底线路加固防风改造。

随着环境的变化,加上一些设计时间较早的输电铁塔最大设计风速偏低,许多陈旧铁塔经常发生倒塔事故,造成了极大的经济损失。研究发现,风灾是导致输电铁塔倒塌的主要原因。若建新塔,不仅耗资过大,且需停电施工,实施难度非常大。因此,急需加固旧塔。

目前,对建筑钢结构中加固技术的研究比较多,主要原因在于较多建筑钢结构出现了结构性损伤或使用功能发生改变,经检测和验算,结构的强度

(包括连接)、刚度或稳定性等不满足设计要求，需要加强改造。而且建筑钢结构绝大多数位于人口密集区域，便于加固技术的实施。由于输电塔线体系广泛分布在高山、丘陵和田野，且结构高耸带电，绝大多数地区不方便现场焊接、打孔和更换塔材，较难借鉴常规钢结构的加固方法，因此输电塔角钢的加固一直是工程中的难点。输电杆塔的加强与改造技术主要有：体外预应力技术、节点恢复技术、增大截面技术、增加辅构件技术和构件更换技术等。对于输电铁塔的加固，国内外的专家学者已有一些理论和试验研究，根据加固方式的不同，主要可分为构件加固和横隔加固。

在构件加固的研究方面，周文涛等[44]对采用组合角钢加固主材的加固方法进行了试验研究，分析了连接位置、连接板形式及连接螺栓个数对加固后承载能力的影响。研究发现，采用相同规格的角钢以双螺栓连接进行加固时效果最好。李振宝等[45]提出采用一字板连接副主材的加固方法，对 5 座模型塔架进行了试验研究。结果表明，该加固方法可有效提升整塔承载力。还有学者针对某拉线门型塔提出采用新的角钢替换原有薄弱杆件的加固补强方案。有限元分析和试验结果表明，加固后可满足结构刚度、强度及稳定性要求[46]。研究表明，采用辅助角钢加固能有效分担主柱角钢承受的荷载，显著提升加固铁塔的承载能力。

在横隔加固的研究方面，国内外学者对增设横隔面后的输电塔子结构进行了试验研究和有限元分析。研究表明，增设横隔面能够有效提升铁塔的承载能力，且该加固方法加强了铁塔刚度，却没有过多增加其自重，还可改善铁塔的动力响应。谢强等[47]对两组输电塔子结构进行了试验和有限元模拟，考察了增设横隔面对结构受力性能的影响。结果表明，横隔面可有效降低交叉斜撑的面外变形，增设横隔面后输电塔子结构的极限承载力提高了 18.3%。蔡熠[48]对某设计时间较早的输电铁塔进行了有限元分析，研究了增设横隔面对其模态及极限风荷载下的内力与变形的影响。研究表明，增设横隔面可有效提升铁塔结构强度。

当前的输电铁塔加固方法还存在一定的问题：首先，施工困难，一些加固方法需要对铁塔的原材料进行打孔或焊接，对于偏远地区由于施工用电存在困难，实施难度较大；其次，安全性的问题，还有一些加固方法需要对原铁塔的受力构件进行临时拆卸，这将使铁塔塔材的内力发生重分布，令铁塔处于危险状态，是应该尽量避免的。

9.2　实用的抗风加固方法及具体施工措施研究

目前实用的抗风加固方法主要分为如下几类：①增大截面类；②构件更换类；③增设横隔类；④设置支撑类；⑤体外预应力拉索类；⑥焊接加固类。

1）增大截面类（夹具加固）

增大截面通常通过在输电塔角钢构件外并联一根新的角钢来实现。该类技术主要用于主材加固和斜材加固。并联角钢后的截面形式主要有十字型、Z字型、T字型和C字型等。具体的并联连接方式为：加固件可以利用旧主材或斜材两端孔位通过连接件与主材或斜材连接，连接件形式根据具体实际工程设计，为了更好地确保主材与加固件协同工作，在构件中间部位，由于主材没有孔位，可以采用带有类似夹具的连接件将主材与加固件连接。

2）构件更换类

一般情况下，角钢塔构件之间是通过普通螺栓连接，容易拆卸和安装，所以当某些构件受力不满足时可以现场更换为更高规格或更高强度的构件，这种方法具有可操作性并非常有效，在实际工程中得到了广泛的应用。铁塔主材之间通过节点板连接，由螺栓锚固，类似于刚接；斜材和辅材是通过螺栓与其他构件单肢连接，类似于铰接。当更换既有结构上的构件时，主材最难更换，其次是斜材，辅材最容易更换，且更换主材对结构安全的危险性影响最大，其次是斜材，辅材的影响最小。构件更换前需进行结构分析和仿真模拟，清楚构件拆装过程中的内力重分配情况，并基于此指定更换方案，通常不建议更换主材，更换斜材时通常需要临时拉线或增设临时支撑，以保证输电塔构件更换过程始终处于安全状态。

3）增设横隔类

在输电塔设计中合理配置横隔面，可以消除输电塔局部阵型过早出现，有效抑制输电塔斜撑的面外变形和降低主材内力，从而进一步提高输电塔的抗风性能。横隔面通过螺栓与主材节点板或斜材相连接。

4）设置支撑类

该类加固方法主要用于斜材加固，其作用为通过设置支撑减小斜材的计算长度或改变斜材失稳轴，从而提升斜材的稳定承载力。具体加固技术如下：支撑杆件的一端通常利用被加固构件两端的既有螺栓孔或利用被加固构件与主材连接的螺栓孔进行连接，而另一端可采用V型螺栓与斜材中部相连。

5）体外预应力拉索类

采用预应力技术主动调整输电塔架的受力状态，使其向提高承载力的方向转变。在输电塔架结构体外引入预应力拉索，由拉索平衡外部荷载引起的巨大附加弯矩，可提高结构的侧向刚度和承载力。这一方法与非预应力法相比施工简洁，用料节省，经济高效，且不影响生产运营，可减少经济损失。具体拉索方案需经过有限元分析后确定。

6）焊接加固（补焊加固）

在大风覆冰等极端天气条件下，塔身主材是结构受力的薄弱环节，要提高杆塔的承载能力，需要对主材进行加强。采用焊接加固技术，在非停电条件下对输电塔进行加固处理，提高其承载能力，将大幅度降低工程造价，带来显著的经济和社会效益。

输电塔角钢主材结构包含主材和斜撑，加固后的输电线路角钢塔主材结构如图 9-1 所示。在进行塔腿部位加固时，除了需进行主材焊接贴覆角钢加固，还需要在靴板位置焊接异形板，以满足加固角钢与塔腿牢固结合的要求，典型结构型式如图 9-2 所示。输电塔焊接加固方法的施工现场如图 9-3 所示，铁塔补焊加固前后效果如图 9-4 所示。

与其他方法相比，采用焊接技术进行输电塔加固时，在原角钢构件表面焊接贴覆加固角钢，对节点位置采用搭接处理，避免节点螺栓带来的影响。与并联螺栓连接方法相比，新增加的角钢通过焊接连接的方式直接与原构件

图 9-1　输电塔加固主材结构型式

图 9-2　输电塔加固主材结构型式（塔腿部位）

图 9-3　焊接现场施工图

图 9-4　铁塔补焊加固前后局部图

连接在一起，形成牢固的冶金结合，无须进行开孔处理，避免了开孔造成的强度减弱隐患，提高了加固安全性。此外，由于采用焊接连接技术，加固角钢和原角钢为冶金结合，避免了螺栓传力造成的二次受力现象，可增强加固效果。

9.3　主材加固试验设计的意义及目的

9.3.1　试验设计的意义

　　我国现有的输电塔中较多采用单角钢或双角钢等作为主材，承受主要荷载。如果全部更换主材或者重新组塔架线，则存在工程量大、费用高、停电时间长的缺点，严重影响国家的生产建设以及人民的生活秩序。因此，有必要对有结构损伤或即将倒塌的输电塔进行必要的加固或修复，为了在不影响输电塔正常工作的情况下，提高其主材承载力，提高输电线路抵御自然灾害的能力，有必要对单角钢形式的输电塔主材采取切实有效的加固补强措施，这对提高输电塔线体系抗台风荷载和抗覆冰倒塔能力具有重要的意义。

　　本书拟以无损加固为基本原则，在不伤害原高压输电塔主材的基础上，利用连接板，在原输电塔主材内侧增加一根加固角钢，由此可提高原输电塔主材角钢的压杆稳定承载力，提高输电塔整体的抗极端荷载能力。

　　加固后的杆件体系自身构成几乎不变，不损伤原结构体系，加固周期短，施工方便，费用低，能够满足在不影响正常输电或短期内就能恢复供电的使用要求，可确保新加固后输电塔能够继续安全工作，甚至延长使用寿命。本书提出的加固方法可提高输电的局部抗屈曲能力，以及输电塔线体系抵御极端灾害的能力，为输电塔加固技术发展提供一定的试验参考。

　　目前针对输电塔的加固方面存在如下问题：施工困难的问题，一些加固方法需要电动工具，对于偏远地区，由于施工用电存在困难，实施难度较大，特别是对焊接方式来说，间断性焊接加固效果并不理想；安全性的问题，还有一些加固方法需要对原铁塔的受力构件进行临时拆卸，这将使铁塔塔材的内力发生重分布，增大了铁塔的倒塌危险；损伤性的问题，一些加固方法需要对铁塔的原材料进行打孔或焊接，对原主材造成永久性伤害。输电杆塔存在的实际问题十分复杂，现有补强方法尚显不足，应用于实际工程中具有较大的困难。

　　因此，有必要针对高压输电塔主材角钢的几何尺寸、野外作业环境和尽量减少破坏原角钢等，提出一种加工效率高、施工方便、经济效果合理的角钢夹具加固方式。

9.3.2　试验设计的目的

该试验将主要对输电塔主材角钢并联加固问题进行试验研究和理论分析，提出六种加固形式，通过轴压试验确定出一种新型的最优设计和加固方案，进而分析不同加固形式对原角钢与加固角钢受力特点的影响，研究原角钢、加固角钢与连接板三者之间的受力特点和传力机理。

该试验采用构件并联加固角钢，即在原构件的侧面并联一根新的构件后，形成新的组合构件，原构件与加固角钢之间是用连接件连接的。

通过结构加载试验，重点考察以下内容：不同长度的夹具对试件加固效果的影响；改变夹具的数量对试件加固效果的影响；依靠摩擦力的夹具与依靠螺栓固定的夹具对试件加固效果的影响；加固角钢与原角钢在两端是否完全约束对试件加固效果的影响；不同组合形式的夹具对试件加固效果的影响。

9.4　输电塔主材局部加固技术试验研究

9.4.1　试验试件设计

试验共制作 6 个试件，试件 1（以试件 1 为标准件）是在新旧角钢两端分别设置一个夹具，中间设置两个夹具；试件 2 的夹具长度发生了变化；试件 3 的夹具数量发生了变化；试件 4 的夹具与新旧角钢打孔螺栓连接；试件 5 为十字形螺栓加固方案；试件 6 为十字形焊接加固方案。螺栓采用 8.8 级的 M16 高强度螺栓。正视图和夹具详图如图 9-5 和图 9-6 所示。

根据实际工程中常用角钢，原始角钢的长度为 1.8m，附加角钢的长度为 1.7m，构件规格均为 Q235-∠140×10，试件的设计满足《钢结构设计标准》（GB 50017—2017）中关于组合受压构件填板间距不应超过 $40i$ 的规定，i 为单肢截面回转半径。

为了加载的准确及方便，这里为每组试件制作了加载板，加载板的厚度为 18mm，安装在加固构件的两端，加载点位于原主材截面形心处。为测试构件的应变，分别在原角钢和加固角钢跨中位置取两个断面，布置应变片，两个断面间距 40mm；在连接件选一个剪切断面，布置三个应变花。

图 9-7～图 9-12 是六个试件的应变布置图。跨中位置虚线代表等边角钢的外角，虚线的左右两边代表等边角钢左右两边的应变片粘贴方式。连接件剪切断面虚线代表的是夹具里面的应变片的粘贴方式。

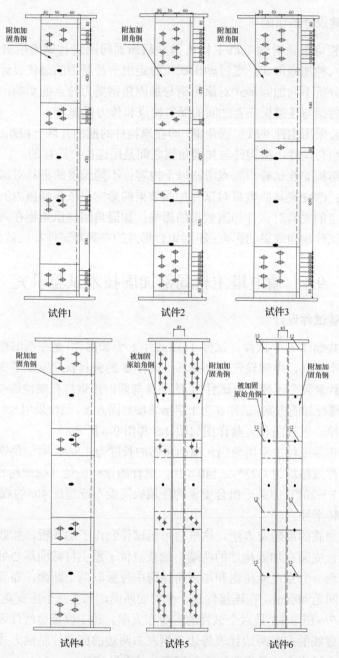

图 9-5　试件正视图(单位：mm)

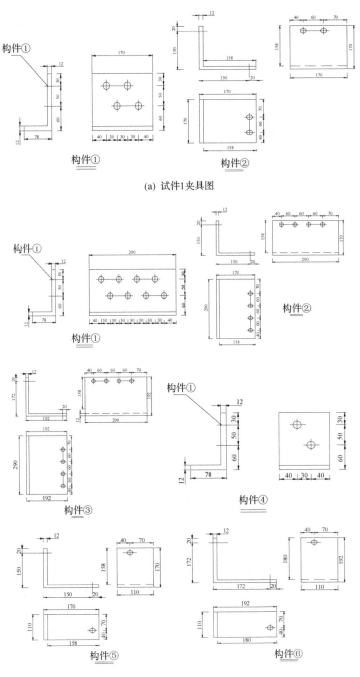

(a) 试件1夹具图

(b) 试件2夹具图

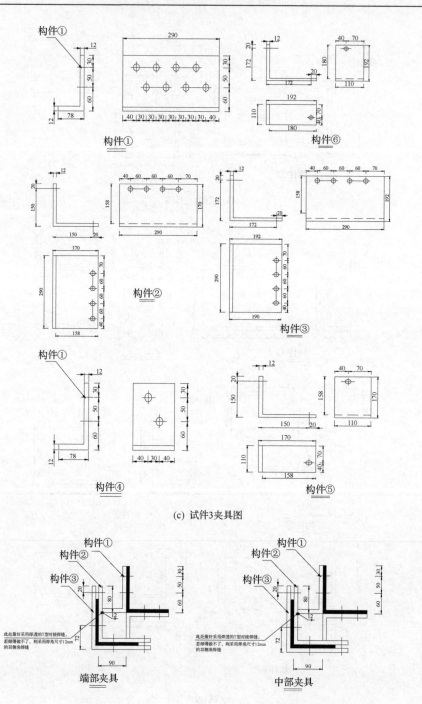

(c) 试件3夹具图

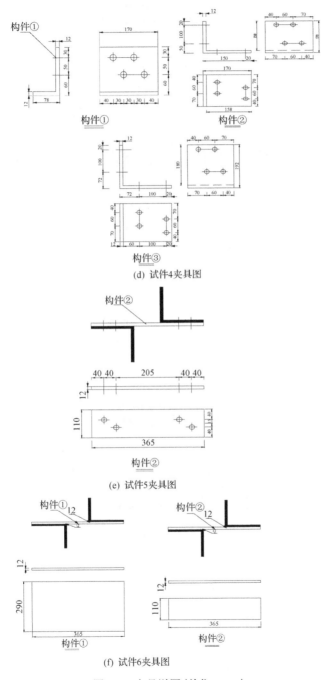

(d) 试件4夹具图

(e) 试件5夹具图

(f) 试件6夹具图

图 9-6　夹具详图 (单位：mm)

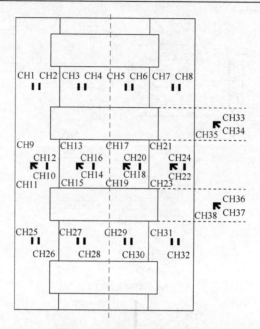

图 9-7　试件 1 的应变位置图

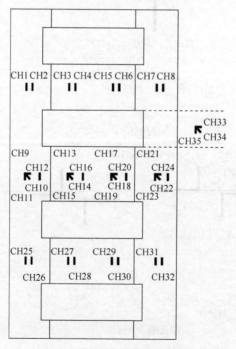

图 9-8　试件 2 的应变位置图

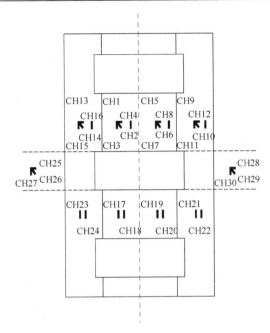

图 9-9　试件 3 的应变位置图

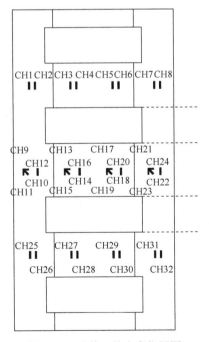

图 9-10　试件 4 的应变位置图

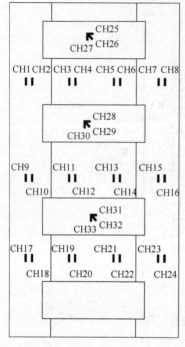

图 9-11　试件 5 的应变位置图

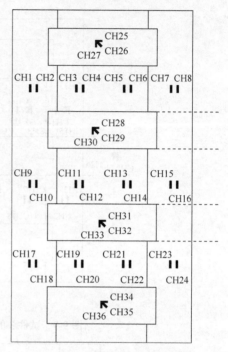

图 9-12　试件 6 的应变位置图

9.4.2　加载制度

该试验采用 YAW-5000F 微机控制电液伺服压力试验机进行加载,考虑到二次受力对加固构件承载力的影响,加固构件应采取分二次加载。分二次加载就是模拟输电塔加固的真实受力过程,考虑原构件荷载效应的影响,先给原构件施加一个初始荷载,然后再并联上新加构件形成组合截面构件,再加载至组合截面构件被破坏。

分二次加载的实施方案如下:先将组合截面构件拼装在一起,将原构件与夹具连接紧固,而新加构件与夹具之间的连接螺栓对孔穿好但不拧紧螺母,然后对试件实施第一次加载,待加在原构件上的力达到初始荷载级别后,暂停加载并迅速将新加构件与连接板之间的螺栓紧固,再实施第二次加载,直到试件发生局部屈曲破坏。

由于螺栓拧紧力矩没有国家标准,可以通过螺栓拧紧计算公式得到 8.8 级的 M16 高强度螺栓拧紧力矩是 $193\sim257\mathrm{N\cdot m}$,使用扭矩扳手进行螺栓紧固:

$$T = KFd \tag{9-1}$$

式中，T 为拧紧螺母的力矩；F 为预紧力，对于碳素钢，$F \leqslant (0.6 \sim 0.7)O_sA_1$，对于合金钢，$F \leqslant (0.5 \sim 0.6)O_sA_1$，$O_s$ 为螺栓材料的屈服极限，A_1 为螺栓危险剖面面积；K 为扭矩系数，近似取 0.2；d 为螺栓直径。

一次试验荷载加载前，应当在角钢处安装应变和位移等测点。一次预加载 $75 \sim 100$kN，要观察原构件角钢处的应变和位移的变化是否在弹性范围内，并且变化不应该超过 10%。待加固构件连接好后，继续加载，加载方式为单调轴向加载，每 $20 \sim 40$kN 为一个加载步骤，直到试件发生局部屈曲破坏。前期采取荷载控制，后期为位移控制。

9.4.3　测试项

测试项 1：测试荷载-位移的关系曲线，用于判定试件所处的受力阶段。

测试项 2：测试角钢表面的应变，布置应变花，用于判定角钢局部的应变变化。

测试项 3：测试连接件的表面应变，布置应变花，判定连接件的受力变化，连接件需处于弹性受力阶段。

测试项 4：测试同一水平面内原角钢和加固角钢的应变，用于判断两者协同工作的能力。

9.4.4　试验加载设备及安装设计

该次试验采用 YAW—5000F 微机控制电液伺服压力试验机进行加载，试验设备如图 9-13 所示。

该次试验采用 XL2118A16U 静态电阻应变仪采集角钢表面的应变值，随着荷载的增加，可以通过角钢的应变反映出角钢的受力状态，以及原角钢和加固角钢之间的受力协同关系、连接件的受力状态及受力协同能力。

YAW—5000F 微机控制电液伺服压力试验机的上部是万向球角，在加载过程中，下部随着荷载的增加而提升。这样可以保证试件在加载过程中始终处于轴压荷载，符合试件的实际受力状态。

为了保证试验加载过程中的安全性，在试验加载过程中，始终将两块木板放在人员观察侧对面，这样如果试件在加载过程中意外飞溅出去，则可以保证人员的安全。同时将试件的上端和下端用麻绳拴在加载机的四个柱子上。

(a) 电液伺服压力试验机效果图   (b) 试件安装现场图片

图 9-13 试验设计及试件图

9.4.5 试验现象记录

试件加载以后破坏位置及破坏形态现场图片如图 9-14 所示。

(a) 试件1加载后破坏位置及破坏形态现场图片

(b) 试件2加载后破坏位置及破坏形态现场图片

(c) 试件3加载后破坏位置及破坏形态现场图片

(d) 试件4加载后破坏位置及破坏形态现场图片

(e) 试件5加载后破坏位置及破坏形态现场图片

(f) 试件6加载后破坏位置及破坏形态现场图片

图 9-14　试件加载后破坏位置及破坏形态图

六组试件的破坏过程比较接近，包含以下几个阶段。加载初期，构件处于自行对位调整阶段，变形不明显。每个试件在 30～40kN，处于弹性阶段，卸掉荷载后，再次加载时，加载曲线与上一次的加载曲线是重合的。随着荷载的增加，40～50kN 阶段时，荷载-位移曲线均出现一段水平段曲线，持续的位移在 0.3～1.1mm。这个阶段，只有位移在增加，荷载基本保持不变。当卸掉荷载后，再次加载时，加载曲线与上一次的加载曲线是重合的；随着荷载的增加，一直到峰值荷载之前，试件均保持弹性范围加载，此时试件的整体刚度要大于第一阶段弹性范围内的刚度，试件加载端部出现明显横向位移，原构件加载板的上部或下部约 500mm，受压力较大的角钢肢尖边缘出现局部屈曲，但此时整个构件仍可以继续承受荷载，出现屈曲的部位比较随机，几乎无固定规律；当荷载达到极限荷载时，构件端部附近角钢的局部屈曲全面发展，构件发生失稳破坏，承载力急剧下降，试验结束。

六组试件的破坏模式类似，都是加固构件端部原构件角钢发生局部屈曲破坏。试验中，荷载均施加在原构件的形心，且初始荷载全部由原构件承担，导致原构件的受力较大，加上加固构件的长细比不大，因此加固构件不易发生整体失稳，且新加构件由于受力较小也不易破坏，多是因原构件的角钢发生大范围的局部屈曲而破坏。

因为试件基本上均是因原构件加载板下方部位角钢发生局部屈曲而破坏，加上实际边界条件、位移计安装、试件安装不能完全处于理想状态，所以在 1/2 试件长度处的位移增长不明显。

9.4.6　经济性对比

表 9-1 为六组试件的设计钢材、螺栓和焊缝数量及尺寸。经济性最好的试件为试件 5 和试件 6。这两组试件连接件的用钢量最少，但这两组试件需要对原角钢打孔或对原角钢进行焊接。这样会增加对原输电塔角钢的现场操作，增加施工难度，但试件 5、试件 6 的极限承载力分别为 520kN 和 570kN，原始角钢的极限承载力为 470kN，分别提高 10.6%和 21.3%的承载力。所以，即使试件 5 和试件 6 的用钢量相对比较少，但其承载力提高有限，并且还需要现场操作，增大施工难度，不是最优选择。

试件 1～试件 4 的主要差别就是夹具连接件的长度和螺栓的数量。试件 1 和试件 4 中，均无现场焊接。只有试件 2 的夹具长度明显长于其他 3 个试件，并且试件 2 的螺栓个数也明显多于其他 3 个试件。这几个试件中只有试件 1 中的螺栓个数最少，且夹具长度是最短的。试件 1～试件 4 的承载能力提高

表 9-1　试件设计参数表

试件	原主材		副主材		连接方式	连接件位置及数量	连接件总长度	螺栓及焊缝
	名称	长度/mm	名称	长度/mm				
1	Q235-∠140×10	1800	Q235-∠140×10	1700	夹具	端部：2中部：2	680mm 夹具	48 个螺栓
2	Q235-∠140×10	1800	Q235-∠140×10	1700	夹具	端部：2中部：2	800mm 夹具	60 个螺栓
3	Q235-∠140×10	1800	Q235-∠140×10	1700	夹具	端部：2中部：1	690mm 夹具	54 个螺栓
4	Q235-∠140×10	1800	Q235-∠140×10	1700	夹具+螺栓打孔	端部：2中部：2	680mm 夹具	64 个螺栓
5	Q235-∠140×10	1800	Q235-∠140×10	1700	螺栓	端部：2中部：2	800mm 钢板	40 个螺栓
6	Q235-∠140×10	1800	Q235-∠140×10	1700	焊接	端部：2中部：2	800mm 钢板	焊缝长度为5440mm

量按试件 2、试件 1、试件 4、试件 3 的顺序递减。很明显试件 2 的承载能力提高得最多，但也是有限的，且试件 2 的连接件和螺栓数量明显多于其他试件。试件 4 比试件 1 的螺栓数量要多 16 个，而且在现场需要转孔，增加了现场施工难度，承载能力也没有试件 1 高。试件 3 中螺栓和夹具用量最少，但其承载能力的提高也有限。因此，综合考虑承载能力、夹具的长度、螺栓数量和现场操作程度等因素，试件 1 为较好的加固方案。

9.4.7　最优方案的提出

通过对试件的荷载-位移图、荷载-应变图以及角钢的耗材方面综合分析得出，试件 1 的加固方案为最优方案，并且可以得到如下结论：

(1)依靠夹具，在足够的紧固力作用下，试件 1 中的加固方案可达到加固效果，承载能力得到明显提高，提高塔材的整体抗风等极端荷载能力。

(2)加固后试件明显经历两段弹性受力阶段，中间有一段受力的调整段，在这个受力阶段，夹具调整原角钢和加固角钢的受力。经过这段加载后，整体试件继续处于弹性阶段，而后是极限受力阶段等。

(3)试件大体上是受压力作用，当试件卸载后，再次加载，试件仍然受同样的压力作用，曲线可以完全达到重合状态。角钢上的应变花，基本上是竖向应变发生变化，水平向应变和斜向 45°应变基本不发生变化。而夹具上的应变花则是竖向应变发生变化，水平向应变基本不发生变化，而斜向 45°应变发生变化，随着荷载的增加，其应变值也增大。

9.5 输电塔主材局部加固技术有限元仿真

9.5.1 建模的基本假定和说明

(1)在建模过程中，假定上下加载端使用 couple 命令，可以保证上下加载端的单元在一个方向上运动，可以不用建立上下加载板单元和肋板单元，减小了计算量。

(2)螺栓和焊缝可以不用建模，在加载过程中，连接板和螺栓的连接可以忽略不计，直接用 tie 单元将其连接起来，使连接板与加固角钢和原角钢达到协同工作的效果。

(3)在有限元模拟中，使用位移控制加载。

(4)在试件试验现象和基本假定(2)的条件下，试件中的螺栓和焊接起到固定作用，均没有出现破坏或滑动的现象。因此，针对试验试件，只需要模拟试件 1、试件 2、试件 3、试件 5。

9.5.2 单元类型

角钢和连接板均采用 8 节点的三维实体线性缩减积分单元(C3D8R)模拟，该单元每个节点有三个平动自由度。由于线性缩减积分单元存在沙漏现象，引起刚度退化，ABAQUS 在线性缩减单元中引入一个小量的人工"沙漏刚度"以限制沙漏模式的扩展。模型中应用的单元越多，这种刚度对沙漏模式的限制越有效。

9.5.3 材料本构模型

ABAQUS 采用经典金属塑性模型模拟金属的塑性特性。von Mises 屈服准则被用于钢材屈服特性，将钢材单轴等效屈服应力定义为单轴屈服应变的函数，并用这个函数来定义 von Mises 屈服面。屈服方程为

$$\bar{\sigma} = \frac{1}{\sqrt{2}} \sqrt{(\sigma_1 - \sigma_2)^2 + (\sigma_2 - \sigma_3)^2 + (\sigma_3 - \sigma_1)^2} = \sigma_s \qquad (9\text{-}2)$$

式中，$\bar{\sigma}$ 为等效应力；σ_s 为材料屈服应力。

有限元模型中采用二次流塑模型，该模型中钢材的应力-应变关系曲线可以分为弹性段(oa)、弹塑性段(ab)、塑性段(bc)、强化段(cd)和二次流塑段(de)五个阶段，如图 9-15 所示。

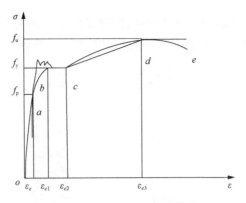

图 9-15　钢材应力-应变关系

二次流塑模型的数学表达式如下：

$$\sigma_s = \begin{cases} E_s\varepsilon, & \varepsilon \leqslant \varepsilon_e \\ -A\varepsilon^2 + B\varepsilon + C, & \varepsilon_e < \varepsilon \leqslant \varepsilon_{e1} \\ f_y, & \varepsilon_{e1} < \varepsilon \leqslant \varepsilon_{e2} \\ f_y\left(1 + \alpha_1 \dfrac{\varepsilon - \varepsilon_{e2}}{\varepsilon_{e3} - \varepsilon_{e2}}\right), & \varepsilon_{e2} < \varepsilon \leqslant \varepsilon_{e3} \\ f_u, & \varepsilon \geqslant \varepsilon_{e3} \end{cases} \quad (9\text{-}3)$$

式中，E_s 为钢材弹性模量，取 $E_s = 2.06 \times 10^5$MPa；f_y 为钢材屈服强度实测值；f_u 为钢材极限强度实测值；α_1 为钢材强屈比；$\varepsilon_e = 0.8 f_y / E_s$；$\varepsilon_{e1} = 1.5\varepsilon_e$；$\varepsilon_{e2} = 10\varepsilon_{e1}$；$\varepsilon_{e3} = 100\varepsilon_{e1}$；$A = 0.2 f_y / (\varepsilon_{e1} - \varepsilon_e)^2$；$B = 2A\varepsilon_{e1}$；$C = 0.8 f_y + A\varepsilon_e^2 - B\varepsilon_e$。

9.5.4　网格划分

本书使用 ABAQUS 中的结构化网格划分技术，首先是将每个部件分割成规则的形状，然后输入网格种子密度，再进行网格划分。该方法可以得到规则的六面体，具有较好的计算精度和效率。有限元网格划分密度与计算精度密不可分，网格划分过于粗糙会导致计算精度下降，网格划分密集则计算精度会显著提高，但过于密集会导致计算量太大，计算成本高。因而，网格划分的基本原则是在尽量保证计算精度的前提下，采用合理的网格密度，即当进一步细划网格而计算的结果变化可以忽略时，证明网格划分精度满足要求。图 9-16 为单向受压稳定性试验试件的几何模型和网格划分模型。

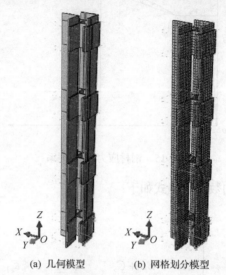

(a) 几何模型　　　　　(b) 网格划分模型

图 9-16　单向受压稳定性试验试件有限元模型

9.5.5　边界条件及加载方式

单向受压稳定性试验有限元模型的底部为固定端约束，在试件的上部施加轴向均布荷载。为了保证计算的收敛性，所有荷载均采用位移加载控制，这同样能达到与力-位移荷载控制相同的效果，能得到试验试件完整的荷载-位移曲线，尤其是可以得出曲线的下降段。

9.5.6　有限元非线性方程求解迭代过程

本书有限元数值模拟中包括了钢材的非线性。求解非线性问题的实质就是求解非线性平衡方程组，这里采用增量迭代混合法进行求解。

图 9-17 为结构的非线性荷载-位移曲线，分析的目的是确定结构对荷载的响应。考虑作用在物体上的外部荷载 P 和内部（节点）力 I 分别如图 9-18 所示。由包含一个节点的各个单元中的应力引起了作用于该节点上的内部力。为了使物体处于静态平衡，作用在每个节点上的静力必须为零。因此，静态平衡的基本状态是内部力 I 和外部荷载 P 必须相互平衡：

$$P - I = 0 \tag{9-4}$$

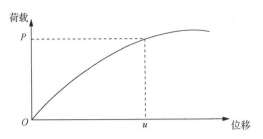

图 9-17　非线性荷载-位移曲线

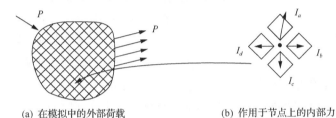

(a) 在模拟中的外部荷载　　　　　　　(b) 作用于节点上的内部力

图 9-18　物体上的外部荷载和内部力作用

ABAQUS/Standard 应用 Newton-Raphson 算法获得非线性问题的解答。在非线性分析中，不像在线性问题中那样，通过求解单一系统的方程计算求解，而是增量地施加给定的荷载并求解，逐步获得最终的解答。因此，ABAQUS/Standard 将模拟划分为一定数量的荷载增量步，并在每个荷载增量步结束时寻求近似的平衡。对于一个给定的荷载增量步，ABAQUS/Standard 通常需要采取若干次迭代才能确定一个可接受的解。所有这些增量响应的总和就是非线性分析的近似解答。因此，为了求解非线性问题，ABAQUS/Standard 组合了增量和迭代过程。

对于一个小的荷载增量 ΔP，结构的非线性响应如图 9-19 所示。ABAQUS/Standard 应用基于结构初始位移 u_0 的结构初始刚度 K_0 和 ΔP 计算关于结构的位移修正值 c_a，利用 c_a 将结构的位移更新为 u_a。在更新后的位移中，ABAQUS/Standard 基于结构的更新位移 u_a 形成了新的刚度 K_a，进而计算出新的内部力 I_a。可以计算所施加的总荷载 P 和 I_a 之间的差为

$$R_a = P - I_a \tag{9-5}$$

式中，R_a 为迭代的残差力（residual force）。

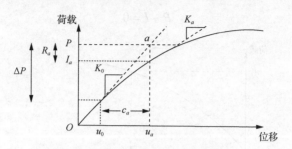

图 9-19　在一个增量步中的首次迭代

如果 R_a 在模型中的每个自由度上均为零，则在图 9-20 中的点 a 将位于荷载-挠度曲线上，结构将处于平衡状态。在非线性问题中，几乎不可能使 R_a 等于零。因此，ABAQUS/Standard 将 R_a 与一个容许值进行比较，如果 R_a 小于这个容许值，ABAQUS/Standard 就接受结构的更新位移作为平衡的结果。默认的容许值设置为在整个时间段上作用于结构上的平均力的 0.5%。在整个模拟过程中，ABAQUS/Standard 自动地计算这个在空间和时间上的平均力。如果 R_a 比目前的容许值小，则认为 P 和 I_a 处于平衡状态，而 u_a 就是结构在所施加荷载下有效的平衡位移。但是，在 ABAQUS/Standard 接受这个结果之前，还要检查位移修正值 c_a 是否相对于总的增量位移 $(\Delta u_a = u_a - u_0)$ 很小。若 c_a 大于增量位移的 1%，则 ABAQUS/Standard 将再进行一次迭代。只有这两个收敛性检查都得到满足，才认为荷载增量下的解是收敛的。上述收敛判断规则有一个例外，即线性增量情况。增量步内最大作用力残差小于该段时间上的平均力乘以 10^{-8} 的任何增量步，都将被定义为线性增量。任何采用时间上

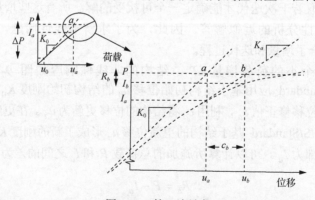

图 9-20　第二次迭代

平均力的情况，凡是通过了如此严格的最大作用力残差的比较，即被认为是线性的而不再需要进一步的迭代，其位移修正值的解答也无须再进行任何检查即认为是可接受的。

如果迭代的结果不收敛，则 ABAQUS/Standard 进行下一次迭代以使内部和外部的力达到平衡。第二次迭代采用前面迭代结束时计算得到的刚度 K_a，并与 R_a 共同来确定另一个位移修正值 c_b，使系统更加接近平衡状态，见图 9-20 中的点 b。ABAQUS/Standard 应用来自结构新的位移 u_b 的内部力计算新的残差力 R_b，再次将在任何自由度上的最大残差力 R_b 与容许值进行比较，并将第二次迭代的位移修正值 c_b 与增量位移 $\Delta u_b = u_b - u_0$ 进行比较。如果需要，ABAQUS/Standard 将作进一步的迭代。对于在非线性分析中的每次迭代，ABAQUS/Standard 形成模型的刚度矩阵，并求解系统的方程组。这意味着在计算成本上，每次迭代都等价于进行一次完整的线性分析，在 ABAQUS/Standard 中的非线性分析的计算费用可能高于线性分析。

9.5.7　数值模拟小结

(1) 所有试件的数值模拟中的荷载-位移曲线与试验值的荷载-位移曲线基本吻合，说明数值模拟的有限元模拟能够基本反映出试件的受力特性。数值模拟中的极限承载力大于试验值中的极限承载力。

(2) 数值模拟不能模拟出角钢的局部屈曲现象，并且数值模拟中无法模拟出试验中的第一阶段弹性段的水平位移端。

(3) 取试件 1 中的关键点应变值，数值模拟的结果与试验结果吻合较好。数值模拟值可以较好地反映出试件的应变特性。

(4) 在数值模拟中，原角钢承担的荷载最多，最快达到屈服强度值。加固角钢受力比原角钢要小一些，基本没有达到屈服强度。连接件的强度值最小，基本都处在弹性阶段。

(5) 增加连接件数量，对试件的承载能力影响不大；减少连接件数量，可以减小试件的承载能力，减小有限，但在连接件位置处的原角钢和加固角钢的附近单元的强度极大地降低。连接件数量的增加，可以极大地降低整体试件的强度。

(6) 提高连接件的强度和加固角钢的强度，不能增加试件整体承载力和试件的受力特性。

9.6 小　　结

　　经过仿真分析、试验研究及技术经济对比可知，试件 1 的加固方案为最优方案，建议在实际工程中采用。

　　(1)为了减小现场施工工作量和现场焊接及原角钢转孔等，建议使用试件 1 的加工方案。

　　(2)试件 1 中的连接件长度都是一样的，试件 2 和试件 3 连接件长度不一样。等长度的连接件可以将受力平均分配到原始角钢和加固角钢。因此，首选试件 1 的加固方案。

　　(3)试件 1 中的连接件的间距可以在 300～500mm，根据塔的重要程度而确定连接件间距。连接件的距离减小，可以减缓原始角钢进入加固屈服程度。连接件的距离变大，原始角钢较快地进入屈服受力程度。连接件的距离对试件极限承载力影响较大。

第10章　输电塔抗台风性能评估、风险评估与在线预警算法及程序

10.1　输电塔静动力分析算法程序

输电塔线体系建模可采用通用有限元分析软件，如 ANSYS、SAP2000、MIDAS 等，但这种方式存在两个问题：①单元类型有限，单元刚度矩阵无法修改，单元间的连接方式处理不灵活，动力分析时输出信息过多导致计算速度较慢；②利用通用有限元分析软件建立的输电塔线体系模型很难植入本书开发的软件系统中，即使采用变通的方式，也存在接口效率低和数据传输实时性差的问题。

针对上述问题，本书以有限元分析理论、结构力学、结构动力学以及输电杆塔设计原理为基础，利用 MATLAB 自行编写了输电塔静动力分析程序。该程序的输入为：输电导线几何参数信息、物理参数信息、荷载信息、有限元分析的相关设置参数以及静动力计算相关控制参数等。该程序输出为：各荷载步对应的节点位移、速度和加速度、单元内力、单元应力应变等。

该输电塔静动力分析程序中的单元刚度矩阵、连接方式及约束方式等均可根据实际输电塔的具体情况进行调整，而且由于本书其他分析程序也均由 MATLAB 编写，各算法间可实现无缝衔接，进而解决了利用通用有限元分析软件建立的输电塔线体系模型很难植入软件系统的问题。

10.1.1　算法特点

该算法的输入模块具有自动数据校验功能。基础数据需根据设计图纸资料准备，如节点坐标计算、杆件属性分配、杆件计算长度系数分配等，这些工作难免会出错，例如，如果程序输入模块无校验功能，一旦原始输入数据出错，则极难发现问题，进而会造成后续模型及计算错误。本算法可自动进行游离关键点、重合关键点、重合线、部分重合线、未正常连接线等的校验，并自动更正。

本算法中单元类型按左右端的连接方式分四大类：左刚右刚类、左刚右铰类、左铰右刚类、左铰右铰类。本算法可以根据输电塔的空间几何拓扑关系以及输电塔设计方法，自动确定每个单元的类型，从而避免了手工分配单元类型，大大提高了算法的自动化。

本算法中单元左右端的连接可设置为弹性连接，即介于刚接和铰接之间的状态，弹性连接刚度可利用有限元模型修正算法基于实测数据进行调整，从而使计算模型更接近实际连接方式。

10.1.2 算法流程图

输电塔静动力分析算法流程图如图 10-1 所示。

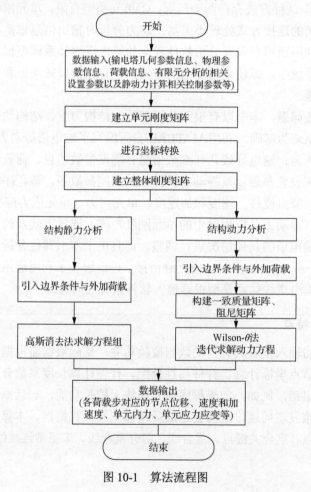

图 10-1 算法流程图

10.1.3　算法展示

可利用 MATLAB 编写上述算法，并进行结果比对，图 10-2 为算法展示图。

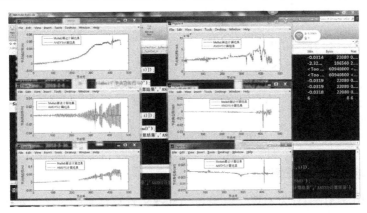

图 10-2　算法展示图

10.1.4　简单算例对比

本书根据上述方法，编制了相应的程序，并用下面算例来验证。建立空间刚架，点坐标分别为 $1(0,1,0)$、$2(4,4,3)$、$3(10,7,3)$、$4(10,3,0)$，空间模型如图 10-3 所示。弹性模量 E_1 为 2.1×10^{11}Pa，E_2 为 1.9×10^{11}Pa，泊松比为 0.3、0.2，按照 $(F_x, F_y, F_z, M_x, M_y, M_z)$ 在点 2 施加 $(-100000.00，200000.00，-700000.00，-1000000.00，2200000.00，-900000.00)$ 的荷载，在点 3 处施加 $(300000.00，-150000.00，500000.00，2000000.00，-4200000.00，800000.00)$ 的荷载，分别用 ANSYS 和 MATLAB 编制的程序计算得到如图 10-4 所示的对比分析结果。

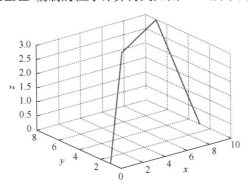

图 10-3　算例空间模型

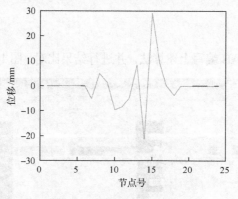

图 10-4　算例结果对比分析

10.1.5　输电塔模型算例对比

图 10-5(a)～(f)为本算法结果与 ANSYS 计算结果的对比，对比结果显示，本算法具有较好的精度。

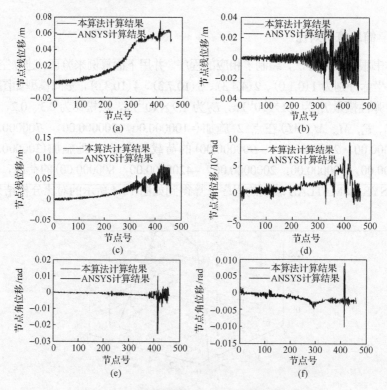

图 10-5　本算法结果与 ANSYS 计算结果对比图

10.1.6　结论

本书以有限元分析理论、结构力学、结构动力学理论为基础，利用 MATLAB 自行编写输电塔静动力分析程序，经对比分析，计算结果精度满足要求，并可以有效解决传统 ANSYS 软件单元类型有限且单元刚度矩阵不灵活等问题，完成高精度的杆塔结构静动力分析，并完美植入本书最终研发的软件系统中，为杆塔健康评价体系奠定基础。

10.2　考虑几何非线性的输电导线分析算法

输电导线受力时变形和位移较大，因此必须考虑几何非线性的影响。当考虑几何非线性时，导线的受力分析变得较为复杂，其原因为在导线变形的过程中，导线的几何参数是变化的，进而导致导线有限元模型的整体刚度矩阵和整体质量矩阵也在不断变化，因此无法通过一次线性分析求解，只能通过非线性数值求解方法来计算。本书基于有限元基本原理和输电导线受力分析基本理论，研发了考虑几何非线性的输电导线分析算法，并编写了相应的 MATLAB 程序。

10.2.1　算法特点

索在受力后会呈现很强的非线性，故其平衡方程必须建立在变形后的几何位置上。所以在进行索的非线性有限元分析时，要求具有较高精度的切线刚度矩阵、索端力的精确计算方法以及非线性平衡方程的有效求解途径。本书方法既可以解决杆单元计算精度不高的问题，又可解决多节点曲线索单元自由度多等问题。

10.2.2　算法流程图

该方程采用增量法与 Newton-Raphson 法相结合的双重平衡迭代法进行求解。

Newton-Raphson 迭代法是数值分析中最重要的方法之一，它不仅适用于方程或方程组的求解，还常用于微分方程和积分方程求解。求解流程如图 10-6 所示。

10.2.3　算法展示

输电导线分析程序展示图如图 10-7 所示。

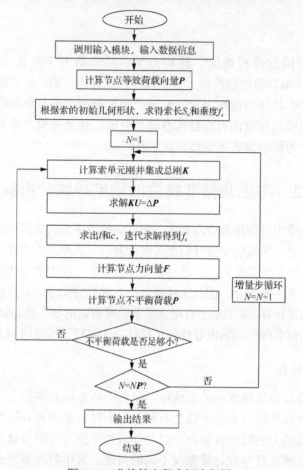

图 10-6　非线性方程求解流程图

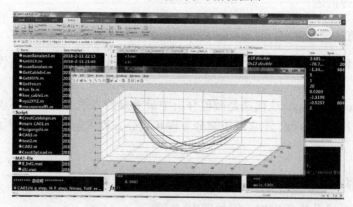

图 10-7　输电导线分析程序展示图

10.2.4 算例

根据上述方法，本书编制了相应的程序，在相同条件下对比 ANSYS 计算结果和该算法的计算结果，算法展示与结果对比分别如图 10-8 和图 10-9 所示。

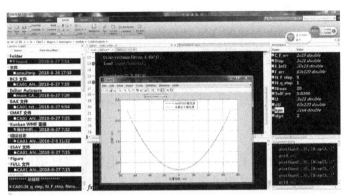

图 10-8 对比算法程序展示

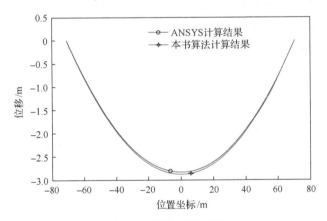

图 10-9 计算结果对比

ANSYS 与本书算法计算中点垂度的比较结果如表 10-1 所示。

表 10-1 算例计算结果比较

项目	中点垂度/m
ANSYS	−2.844
本书算法	−2.887

由计算结果可见，在合理的假设下，本书算法与 ANSYS 计算结果相近，精确度可以得到满足。

10.2.5 结论

本书以有限元分析理论、结构力学、结构动力学以及输电导线分析理论为基础，在合理假设下，利用 MATLAB 自行编写的考虑几何非线性的输电导线分析程序可以解决传统 ANSYS 软件单元类型有限且单元刚度矩阵不灵活等问题，完成了高精度的结构分析。

10.3　抗台风性能评估算法

10.3.1　算法总体说明

抗台风性能评估的目标为计算出线路中输电铁塔可抵御的最大临界风速，并通过实测数据计算平均风速与临界风速的风速比，从而对杆塔抗风性能进行评估。

利用 MATLAB 编写算法程序，首先建立输电塔计算模型，设置好材料属性和约束，荷载输入为动力风荷载。以 10m 高 10min 平均风速为基准，设定好风速谱和相干函数，进行脉动风场模拟并计算动力风荷载大小，施加于杆塔进行输电塔动力时程分析，可得到节点位移和杆件应力等信息。之后按照相应规范对杆件和塔进行校核，包括杆件的受拉、受压、计算长度、杆塔整体位移和刚度校核。然后以输电塔是否处于设计极限状态为判定标准，通过反复调整 10m 高、10min 基本风速，多次迭代计算直至杆塔达到极限承载状态，继而计算当前 10m 高、10min 平均风速和 10m 高、3s 阵风风速，将其作为临界风速（$\bar{v}^c$ 和 v^c），并以此临界风速作为抗风性能评估的输出结果。

10.3.2　算法流程

算法流程见图 7-1。

本书中给出的临界风速分为两类：①10m 高、10min 平均临界风速 $\bar{v}^c$；②10m 高、3s 阵风临界风速 v^c。风速实时数据通过在输电塔上安装风速监测设备得到，对风速监测数据进行处理，可得出 10m 高、10min 平均风速 $\bar{v}$ 和 10m 高、3s 阵风风速 v，当 $\bar{v} \leqslant \bar{v}^c$ 且 $v \leqslant v^c$ 时，可判定输电铁塔在风荷载作用下处于安全状态。定义 $\bar{R}^w = \bar{v} / \bar{v}^c$、$R^w = v / v^c$，$\bar{R}^w$ 为 10min 平均风速比，R^w 为 3s 阵风风速比，将 $\bar{R}^w$ 和 R^w 作为输电塔抗风预警的预警指标，设定分级预警限值,进行强风作用下输电塔安全状态分级预警。

临界风速与输电铁塔的设计极限状态对应。本书根据台风风速谱模拟台风脉动风场,根据《110kV~750kV架空输电线路设计规范》(GB 50545—2010)确定动力风荷载计算工况,按动力时程分析方法计算输电塔的风致动力响应(包括杆件内力、应力、位移等),根据《架空输电线路杆塔结构设计技术规定》(DL/T 5154—2012)校核输电塔。

10.3.3　程序框图

输电塔线抗台风性能评估程序框架如图 10-10 所示。

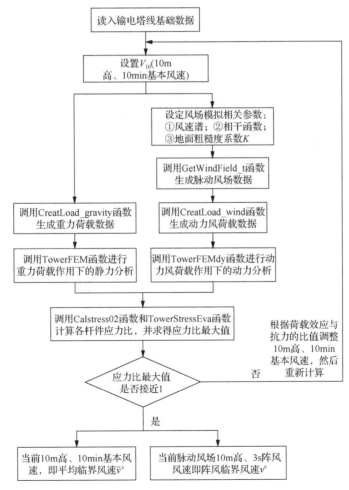

图 10-10　输电塔线抗台风性能评估程序框架

10.3.4　程序展示

　　该程序可对一条线路上的多基输电塔进行抗台风性能评估。程序运行之前需按给定的格式，准备好各输电塔的建模数据。图 10-11(a)为程序运行过程中，当前评估的输电塔的计算简图，图 10-11(b)为程序运行过程的进度展示。评估每一座输电塔时，需进行 3 个方向的动力风荷载作用下的动力时程分析。评估程序展示如图 10-11 所示。

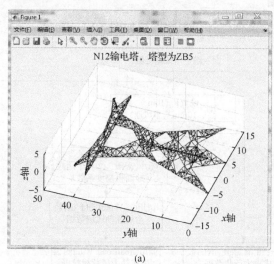

(a)

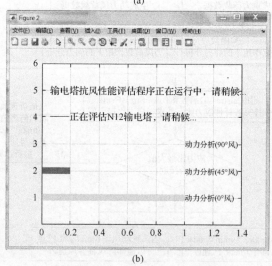

(b)

图 10-11　抗台风性能评估算法展示

10.4　抗台风风险评估算法

10.4.1　算法流程

算法的具体流程如图 7-2 所示。

用 MATLAB 编写成算法程序，首先需要通过输电塔抗台风性能评估确定输电塔临界风速区间，主要考虑的不确定性因素包括风速谱、相干函数、风荷载综合调整系数、与地面粗糙度有关的风速谱参数 K，风速谱主要包含田浦谱、石沅谱、Davenport 谱和 Kaimal 谱；相干函数取值区间有三组；风荷载综合调整系数取值区间为[0.9,1.1]，均匀分布，拟取 0.9、1.0、1.1。与地面粗糙度有关的风速谱参数 K 取值区间为[0.002,0.008]，均匀分布，间隔为 0.001，共有 4×3×3×7=252 种组合。计算所有组合情况下的临界风速值，按照大小排序，确定临界风速区间。临界风速在区间内主要有三种分布方式：均匀分布、三角形分布和等腰三角形分布。输电塔所在区域极值风速的分布函数的确定：首先参考最新版的中国南方电网风区分布图，结合《建筑结构荷载规范》(GB 50009—2012)规定的不同重现期的设计风速，对极值 I 型分布的拟合加以修正，最终确定未来时段极值风速的概率分布；然后基于正向信度并使用全概率公式计算极值风速超越临界风速的概率，即输电塔状态超越设计极限状态的概率；最后基于上述概率值评定输电塔的风险等级。

10.4.2　程序框图

输电塔抗台风风险评估程序框图如图 10-12 所示。

10.4.3　程序展示

图 10-13 为临界风速区间为[36,42]时，不同的 50 年一遇极值风速对应的超越概率计算结果及输电塔可靠度评级结果。显然当输电塔所在风区的 50 年一遇极值风速大于等于 43m/s 时，输电塔可靠度为 1 级(极不可靠)；输电塔所在风区的当 50 年一遇极值风速为 36～38m/s 时，输电塔可靠度为 3 级(不太可靠)；输电塔所在风区的当 50 年一遇极值风速为 34～35m/s 时，输电塔可靠度为 4 级(基本可靠)；输电塔所在风区的当 50 年一遇极值风速为 32～33m/s 时，输电塔可靠度为 5 级(可靠)。上述为程序演示，当输电塔抗台风性能评估所得的临界风速区间改变时，可靠度评级结果也会相应地改变。

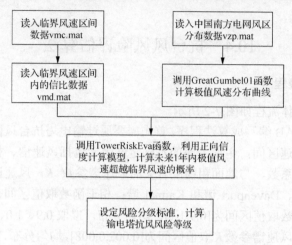

图 10-12　输电塔抗台风风险评估程序框图

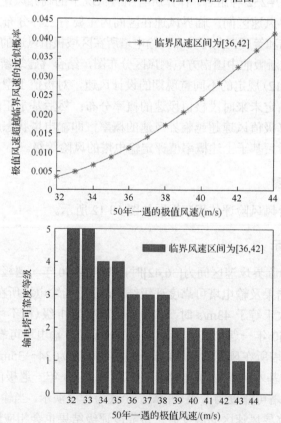

图 10-13　极值风速超越概率及输电塔可靠性评估示意图

10.5　输电塔危险状态预警算法

10.5.1　基于应变监测数据的输电塔危险状态预警算法及程序

　　输电塔在线监测系统已包含了输电塔关键受力杆件的应变监测，监测数据为相对于安装状态的应变变化量。实际应用时，可取安装之后某个气温恒定且风速很小的时刻作为初始时刻，用监测值减去初始值得到相对于初始时刻的应变变化量，用于健康评价。

　　在初始时刻，输电塔已经处于受力状态，但由于温度恒定且风速很小，初始应力状态可近似取塔线重力作用下的应力状态。塔线重力作用下的应力状态无法测量，只能通过建模计算获得。重力作用下输电塔内力状态采用静力分析方法，计算方法成熟，计算结果精度可以满足要求。最终将重力作用下的测点处应力与实测应力变化量叠加，并按压弯构件考虑折算应力，计算杆件的折算应力比，最终基于实测应变数据的输电塔危险状态预警进行评价，具体评价流程如图 10-14 所示。

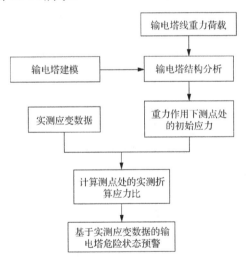

图 10-14　基于应变监测数据的输电塔危险状态预警算法流程

　　基于应变监测数据的输电塔危险状态预警程序框图如图 10-15 所示。

　　重力作用下测点位置内力状态提取程序框图如图 10-16 所示。

　　该程序根据实测应变数据，结合初始状态的内力状态，计算实测应变测点处杆件的折算应力比，图 10-17 为计算得到的折算应力比柱状图，展示了程序运行情况。

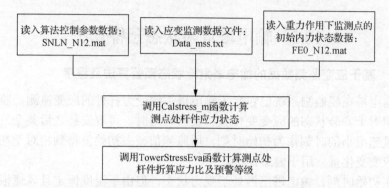

图 10-15　基于应变监测数据的输电塔危险状态预警程序框图

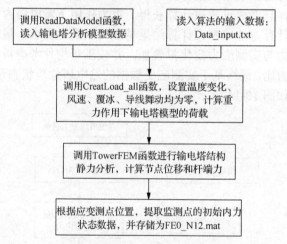

图 10-16　重力作用下测点位置内力状态提取程序框图

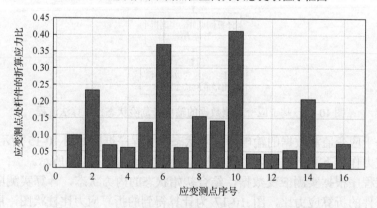

图 10-17　杆塔实测应变测点处杆件折算应力比柱状图

10.5.2　基于倾角监测数据的输电塔危险状态预警算法及程序

输电塔在线监测系统已包含了输电塔关键位置的倾角监测，监测数据为相对于水平面的绝对倾角值。实际应用时，可取安装之后某个气温恒定且风速很小的时刻作为初始时刻，用监测值减去初始值得到相对于初始时刻的倾角变化量，用于健康评价。

在初始时刻，输电塔已经处于受力状态，但由于温度恒定且风速很小，初始受力状态可近似取塔线重力作用下的受力状态。塔线重力作用下的受力状态无法测量，只能通过建模计算获得。重力作用下输电塔受力及位移状态采用静力分析方法，计算方法成熟，计算结果精度可以满足要求。

基于实测倾角数据，根据塔身变形与关键位置倾角的近似导数关系，可计算出塔顶实测位移。将此塔顶实测位移与重力作用下的塔顶位移叠加，则可得到塔顶总位移，将塔顶总位移除以位移限值，得到实测位移比，基于实测位移比，可对输电塔进行健康评价。具体健康评价流程如图 10-18 所示。

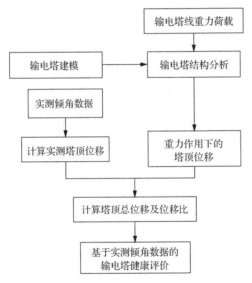

图 10-18　基于倾角监测数据的输电塔健康评价流程

基于倾角监测数据的输电塔危险状态预警程序框图如图 10-19 所示。该程序基于实测倾角数据，计算输电塔塔身位移曲线，进而得到塔顶水平位移，将塔顶水平位移除以输电塔塔顶水平位移限值，得到塔顶位移比，基于塔顶位移比进行输电塔健康评价。

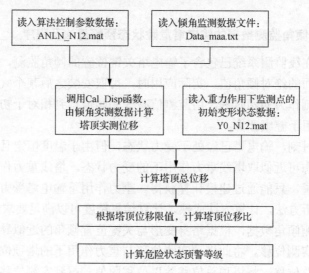

图 10-19　基于倾角监测数据的输电塔危险状态预警程序框图

10.5.3　基于风速监测数据的输电塔危险状态预警算法及程序

对输电塔进行抗台风性能评估后可得到相应的临界风速，杆塔在线监测装置可实时监测风速变化趋势并保存相应数据，对得到的风速数据进行处理分析，计算得到特征风速值，主要包括 10m 高、10min 平均风速和 10m 高、3s 阵风风速，与相应临界风速进行对比，计算得到风速比，并据此评定预警等级。算法的具体流程见图 10-20。

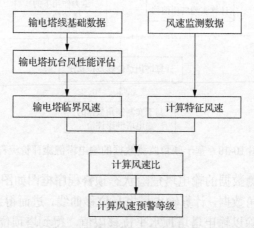

图 10-20　基于风速监测数据的输电塔危险状态预警算法流程

基于风速监测数据的输电塔危险状态预警程序框图如图 10-21 所示。

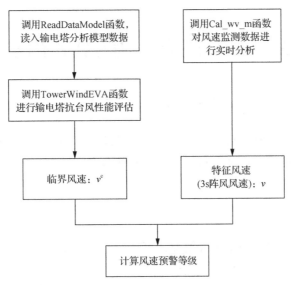

图 10-21 基于风速监测数据的输电塔危险状态预警程序框图

基于风速监测数据的输电塔危险状态预警程序计算得到的风速比时程曲线中，风速数据为"山竹"台风登陆时的实测数据。"山竹"台风登陆期间实测风速折算为 10m 高、10min 平均风速和 10m 高、3s 平均风速。

第11章 输电塔全场应力在线监测系统应用

11.1 主要功能展示

深圳输电塔监测系统的监测对象为核惠线 12 号和 26 号输电塔，主要监测内容包括关键杆件应变、杆塔关键位置倾角和加速度、风速和风向。主功能区包括工程管理和数据管理。

11.1.1 工程管理

工程管理主要介绍了工程概况，可查看监测设备布点图和实景图。监测设备主要包括倾角计、杆塔应变计、风速仪和风向仪。其中，风速仪和风向仪布置于杆塔正面，各两个；倾角计可监测 X 向和 Y 向倾角，布置于杆塔的正反两面，每面 6 个；杆塔应变计布置于杆塔正反两面，每面 13 个。杆塔测点布置实景图如图 11-1 所示。

图 11-1 杆塔测点布置实景图

11.1.2　数据管理

深圳输电塔监测系统的数据管理功能区分为数据表格、历史曲线、实时曲线、数据回放和特征量数据显示，并以曲线形式展现各个监测量变化趋势。其中实时曲线可以查询最近 1min、5min、15min 和 30min 的实时数据；历史曲线可查询过去任意时间段内的相关数据；数据回放可以动态展示数据的变化趋势；特征量数据显示主要展示输电塔杆件应力比，时间跨度为 1h、12h、24h、72h 和 15d。其中的数据参数如下。

1）倾角

塔头底部双向倾角变化趋势图如图 11-2 所示。塔身上、中和下部倾角变化趋势图如图 11-3 所示。

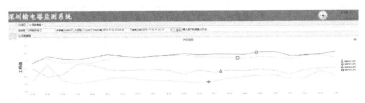

图 11-2　塔头底部双向倾角变化趋势图

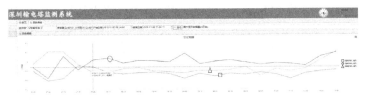

图 11-3　塔身上、中和下部倾角变化趋势图

2）应变

塔头主材与斜材杆件应变变化趋势图如图 11-4 所示。塔身底部杆件应变变化趋势图如图 11-5 所示。

图 11-4　塔头主材与斜材杆件应变变化趋势图

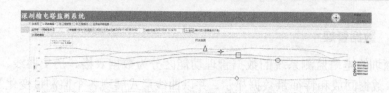

图 11-5　塔身底部杆件应变变化趋势图

3)特征量

(1)应力比。特征量数据显示截面展示了应变的原始数据和由此计算得到的输电塔杆件应力比，并按照表 11-1 对输电塔杆件进行了应力预警，应力比在 0.85 之下为健康。

表 11-1　健康评价等级划分表

健康等级	健康	一/蓝	二/绿	三/黄	四/橙	五/红
塔顶位移比	0~0.85	0.85~0.90	0.90~0.95	0.95~1.00	1.00~1.15	>1.15
应力比	0~0.85	0.85~0.90	0.90~0.95	0.95~1.00	1.00~1.15	>1.15

(2)位移比。风荷载作用下，杆塔会发生顺风向下的整体倾斜，塔头底部设置的风向传感器可实时监控杆塔垂直导线向和顺导线向的倾角，继而拟合得到塔顶位移，除以《110kV~750kV 架空输电线路设计规范》(GB 50545—2010)和《架空输电线路杆塔结构设计技术规定》(DL/T 5154—2012)规定的塔顶位移限值便得到杆塔实时位移比，作为杆塔健康评价的辅助参考。

监测系统首先展示各个倾角传感器垂直导线向与顺导线向倾角原始数据，继而计算相应塔顶位移比并进行预警等级评价。由表 11-1 可知，杆塔塔顶位移比小于 0.85，杆塔处于健康状态。

(3)风速比。在线监测系统实时监测杆塔风速，并计算 10min 平均风速与 3s 阵风风速，12 号塔与 26 号塔 10min 平均临界风速分别为 44m/s 和 35m/s，3s 阵风临界风速分别为 55m/s 和 47m/s，将实测值除以临界风速得到的风速比作为评价杆塔健康与否的重要指标。

11.2　"山竹"台风登陆时的风速监测数据分析

11.2.1　"山竹"台风情况简介

"山竹"在台山的登陆强度达 45m/s，在 1949 年以来粤港澳地区登陆的台风中强度排名第八位。对珠江三角洲(简称珠三角)来说，强度仅次于"天鸽"，是 2018 年登陆广东省乃至全国最强的台风。"山竹"强度高、范围广、持续时间长、特大暴雨面广且多，阵风非常大。

受"山竹"影响，珠三角沿海城市 8 级大风持续 48h，10 级阵风超过 40h，12 级阵风超过 25h。其中，深圳是这次台风中受影响最大的城市，其 8 级阵风达 37h，10 级阵风达 25h，12 级阵风达 13h。台风对输电塔杆件应力状态的影响巨大。

11.2.2　深圳核惠线 N12、N26 塔位的实测风速

深圳核惠线 N12 塔位处 23m 高度处风速仪实测风速数据(2018 年 9 月 16 日 00:00～2018 年 9 月 17 日 00:00)：

(1)N12 塔位处最大 0.5s 瞬时风速为 44m/s，最大 2s 阵风风速为 41m/s(风速数据采样频率为 2Hz)。

(2)N26 塔位处最大 0.5s 瞬时风速为 55m/s，最大 2s 阵风风速为 47.4m/s (风速数据采样频率为 2Hz)。

11.3　"山竹"台风登陆时的应变监测数据分析

图 11-6 为对应时段的风速数据。由上述数据可知，2018 年 9 月 15 日 00:00 时风速很小，此时台风未登陆。应变分析时可将此时刻对应的状态设定为初始状态，所有应变数据减去该初始状态的值，得到应变变化量，该应变变化量反映了台风登陆前后输电塔各关键点的应变变化情况。

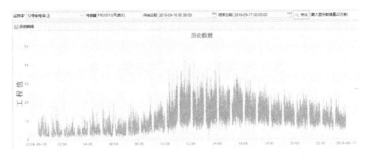

图 11-6　"山竹"登陆期间 N12 塔位风速数据变化趋势图

图 11-7 为利用 MATLAB 进行数据处理后的应变变化量趋势图。图 11-8 为各测点拉应变增量的最大值。图 11-9 所示为各测点压应变增量的最大值。

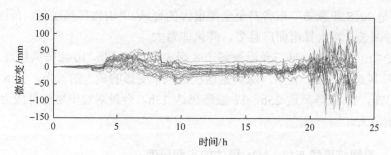

图 11-7　"山竹"登陆期间 N12 塔位应变变化量趋势图

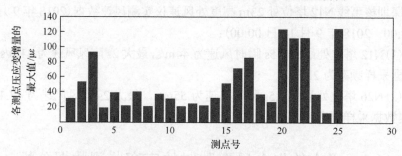

图 11-8　测点拉应变增量最大值统计图

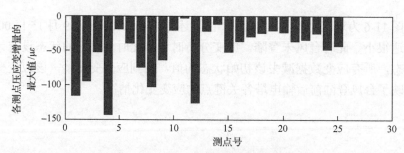

图 11-9　测点压应变增量最大值统计图

　　压杆失稳是输电塔失效的主要原因,拉杆一般问题不大,因此应重点关注压应变增量。由上述数据分析可知,压应变变化最大的 4 个测点由大到小分别为 30101、30108、30104、30112(图 11-10)。

　　各测点最大压应变变化量、最大压应力变化量以及对应的折算应力比列于表 11-2。

　　基于应变监测数据的输电塔危险状态预警程序可计算出折算应力比,如图 11-11 所示。

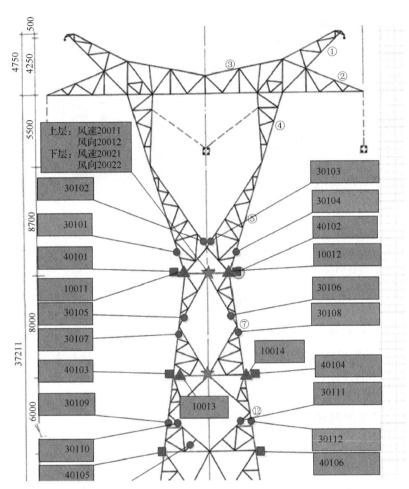

图 11-10　压应变变化量最大的测点位置图（单位：mm）

表 11-2　测点最大压应变变化量、最大压应力变化量及折算应力比

测点编号	最大压应变变化量/με	最大压应力变化量/MPa	折算应力比
30101	−142.80	−29.99	0.17
30108	−125.18	−26.29	0.19
30104	−114.87	−24.12	0.15
30112	−102.37	−21.50	0.12

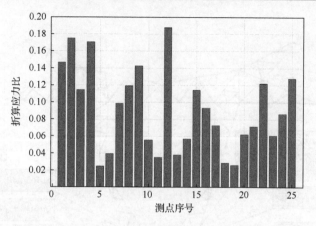

图 11-11　测点折算应力比柱状图

由上述图表可知，测点处应力比均小于 0.85，说明输电塔处于安全状态。

11.4　"山竹"台风登陆时应变实测值和计算值的对比

"山竹"台风登陆时，N12 塔位处 10m 高、10min 平均风速最大值为 17.63m/s，监测系统监测到了相应的应变变化量，将此监测量与本书抗台风能力评估程序的理论计算值进行对比，验证理论计算模型的可靠性。图 11-12 为 25 个应变监测量与理论计算值的对比结果，从图中可以看出，应变监测量与理论计算值的量级相当，趋势基本吻合。

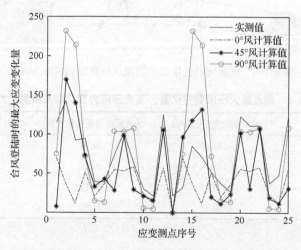

图 11-12　各测点不同风向条件下最大应变变化量实测值与计算值对比图

　　模拟风速与实际台风必然存在差别，另外实际风向随时变化，而模拟时只能固定风向，因此计算值和实测值会存在一定差异，但差异并不大，说明理论计算结果可信，见图 11-12 和图 11-13。

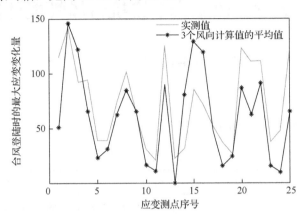

图 11-13　各测点不同风向最大应变变化量计算值的平均值与实测值对比图

第12章 核惠线全线抗台风性能评估

12.1 核惠线基本情况简介

12.1.1 工程现状

工程现状如表 12-1 所示。

表 12-1 工程现状

线路起讫点	本工程起点为大亚湾核电站出线构架,终点为惠州变电站进线构架		
长度	线路全长 56.4km,其中深圳段线路长 33.8km,惠州段线路长 22.6km		
回路数	全线按单回路设计		
导线型号	4×LGJQ-300 轻型钢芯铝绞线	地线型号	2 根 LGJ-95/55 钢芯铝绞线
导线悬垂绝缘子型号	LXP-160 LXP-7	耐张绝缘子型号	XP-21(正常拉力) XP3-16(松弛拉力)
最大档距	931m	平均档距	380m
设计风速及相应规程	深圳段:大亚湾核电站~N67 塔位 40m/s(20m 基准高、10min 平均风速) N67~N75 塔位 35m/s(20m 基准高、10min 平均风速) 惠州段:35m/s(20m 基准高、10min 平均风速)	设计冰厚	0mm
直线塔数	共 112 基 深圳段 63 基 惠州段 49 基	耐张塔数	共 19 基 深圳段 11 基 惠州段 8 基

12.1.2 气象条件

根据中国南方电网发布的"设计风速区划图",该线路横跨 41m/s、39m/s、37m/s 三个风区,其中 N1～N39 塔位位于 41m/s 风区,N40～N75 塔位位于 39m/s 风区,N76～N131 塔位位于 37m/s 风区。核惠线位于沿海地区,是台风频发地带,其中深供段中 N1～N39 塔位位于 41m/s 风区,需重点关注。

12.2　考虑核惠线沿线微地形的影响

依据《建筑结构荷载规范》(GB 50009—2012)，对位于山坡、山峰的建筑物，风压高度系数除可按平坦地面粗糙度类别计算外，还应考虑地形条件的修正，修正系数按下列规定计算。

对于山峰和山坡，其顶部 B 处的修正系数可按下述公式计算：

$$\eta_B = \left[1 + \kappa \tan\alpha\left(1 - \frac{z}{2.5H}\right)\right]^2 \tag{12-1}$$

式中，$\tan\alpha$ 为山峰或山坡在迎风面一侧的坡度，当 $\tan\alpha > 0.3$ 时，取 $\tan\alpha = 0.3$；κ 为系数，对山峰取 2.2，对山坡取 1.4；H 为山顶或山坡全高(m)；z 为建筑物计算位置离建筑物地面的高度(m)，当 $z > 2.5H$ 时，取 $z = 2.5H$。

对于山峰和山坡的其他部位，可按图 12-1，取 A、C 处的修正系数 η_A、η_C 为 1，AB 间和 BC 间的修正系数按线性插值法确定。

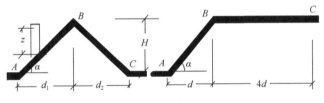

图 12-1　山峰和山坡的示意

本书根据核惠线平断面图，绘制了核惠线沿线地形及塔位，并根据上述方法，考虑山峰阻挡等因素，编写了地形修正系数的计算程序，并利用程序计算每个塔位处的地形修正系数，在输电塔抗风性能评估中考虑该系数的影响。图 12-2 为核惠线全线地形简图和塔位处塔底位置的地形修正系数。由于部分设计文件比较久远，有些地形图比较模糊，本书只能根据目前设计资料绘制。为了显示清楚，把地形修正系数放大了 100 倍，这样可与微地形对应观察。图 12-2(b)～(d)左竖线为考虑微地形的修正系数(正面)，右竖线为考虑微地形的修正系数(反面)。

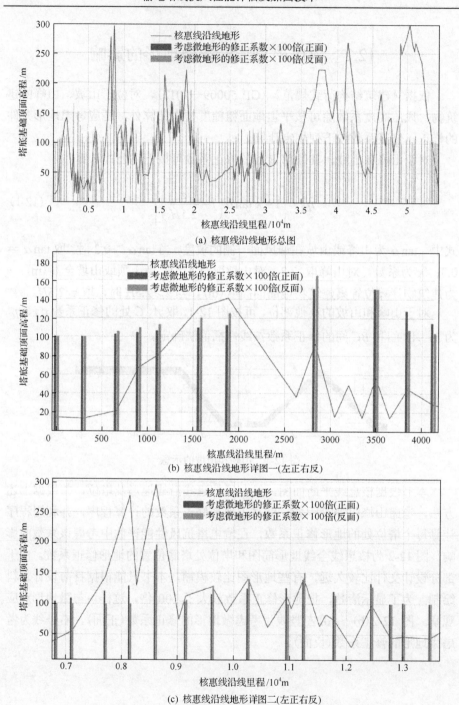

(a) 核惠线沿线地形总图

(b) 核惠线沿线地形详图一(左正右反)

(c) 核惠线沿线地形详图二(左正右反)

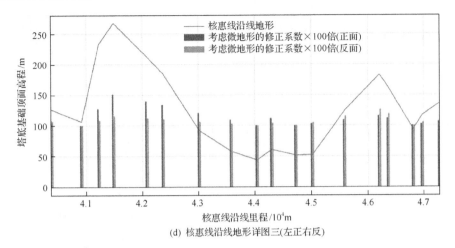

(d) 核惠线沿线地形详图三(左正右反)

图 12-2　核惠线沿线地形及修正系数图

12.3　核惠线各类标构塔型建模展示

核惠线各类标构塔型建模以 JD11 和 ZB4 模型为例,如图 12-3 和图 12-4 所示,其中每页前 4 幅图分别为塔型在 ANSYS 软件中的主视图、侧视图、俯视图以及全景图;后 2 幅图分别为塔型在输电塔抗风性能评估 MATLAB 程序中进行计算时的全景图以及主视图。

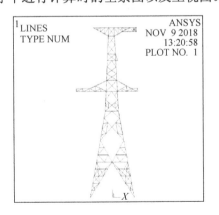

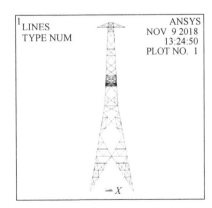

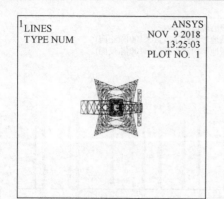
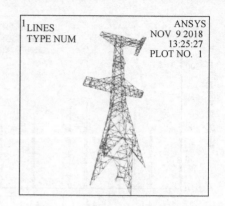

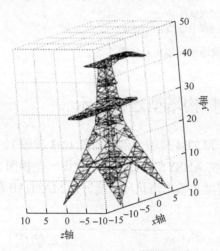
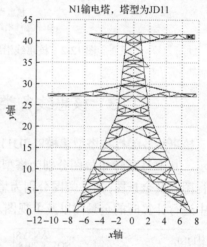

图 12-3　JD11 模型展示图

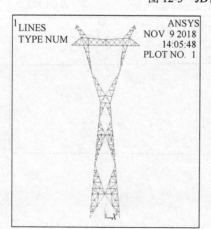
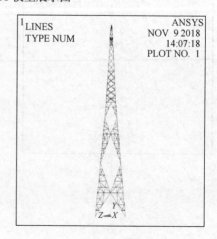

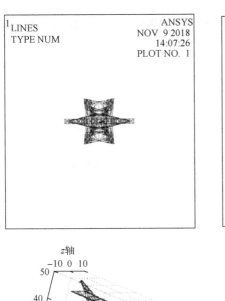
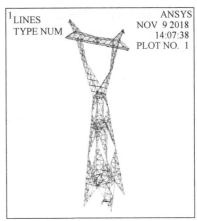
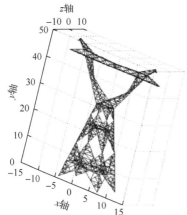
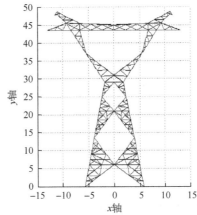

图 12-4　ZB4 模型展示图

12.4　抗风评估基本参数设定

这里核惠线抗风性能评估的风速谱取田浦谱，相干函数取 Davenport 相干函数，$[C_x、C_y、C_z]$取[8、16、10]，K 值按张相庭的《结构风工程》和何艳丽的《空间结构风工程》中的建议表格取值，如表 12-2 所示。

表 12-2　五种地貌的 K 值

地貌	河湾	开阔的草地，种少量的树	篱笆维护的广场	矮树和 30 尺的高树	市镇
K 值	0.003	0.005	0.008	0.015	0.030

风场模拟数据点数为 2048，采样频率为 10Hz，分别计算 0°、45°、90°风作用下，输电塔的风致动力响应。未提及的各个参数均按《110kV～750kV架空输电线路设计规范》（GB 50545—2010）以及《架空输电线路杆塔结构设计技术规定》（DL/T 5154—2012）取值。

12.5　全线逐塔评估程序的运行过程

首先进入全线评估程序，运行 GetWindArea 文件，如图 12-5 所示。

CreatLoad_wind_T...	2018/11/11 11:13	MATLAB Code	3 KB
CreatSimData	2018/11/1 16:00	MATLAB Code	1 KB
GetCalLength	2018/10/17 16:51	MATLAB Code	6 KB
GetCalLength0	2018/10/18 18:32	MATLAB Code	1 KB
GetCompID	2017/8/26 15:54	MATLAB Code	1 KB
GetInd	2018/5/7 14:46	MATLAB Code	1 KB
GetLineLength	2018/10/3 12:25	MATLAB Code	1 KB
Getsamepos	2018/10/20 14:40	MATLAB Code	1 KB
GetStrucWind	2018/10/16 20:31	MATLAB Code	1 KB
GetStrucWind_z	2018/11/6 20:02	MATLAB Code	1 KB
GetTowerVF_gravity	2018/11/4 15:26	MATLAB Code	2 KB
GetWindArea	2018/10/19 0:03	MATLAB Code	2 KB
GetWindArea00	2018/10/19 15:45	MATLAB Code	4 KB
GetWindArea01	2018/10/19 0:43	MATLAB Code	4 KB
GetWindArea02	2018/11/11 11:09	MATLAB Code	4 KB
GetWindArea03	2018/11/11 11:30	MATLAB Code	4 KB
GetWindField	2018/11/1 15:29	MATLAB Code	2 KB
GetWindField_t	2018/11/6 20:22	MATLAB Code	2 KB
Gumbel	2018/6/19 13:34	MATLAB Code	1 KB
HLQNewmark	2018/11/11 11:46	MATLAB Code	1 KB
kee_beam7	2018/8/6 20:15	MATLAB Code	7 KB
LineLength	2018/9/22 20:17	MATLAB Code	1 KB
Load_wind_x	2018/10/20 11:09	MATLAB Code	1 KB

图 12-5　程序文件 GetWindArea.m

执行评估程序，生成 0°以及 90°迎风杆件的数据文件，计算出全线 131 座输电塔中每座塔的0°以及45°杆件迎风面积并绘制图形，如图 12-6 所示。

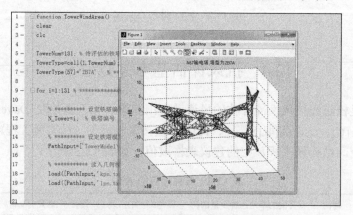

图 12-6　GetWindArea 程序计算过程

进行完上一步，则可运行 TowerWindEVA01.m 函数进行核惠线全线逐塔评估。图 12-6 为程序文件，图 12-7 为运行过程展示。

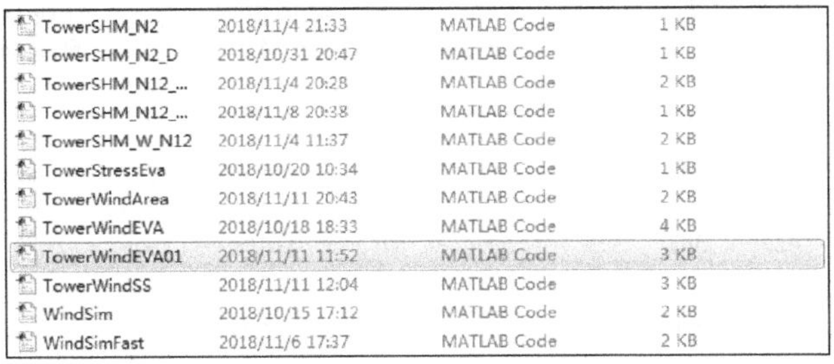

TowerSHM_N2	2018/11/4 21:33	MATLAB Code	1 KB
TowerSHM_N2_D	2018/10/31 20:47	MATLAB Code	1 KB
TowerSHM_N12_...	2018/11/4 20:28	MATLAB Code	2 KB
TowerSHM_N12_...	2018/11/8 20:58	MATLAB Code	1 KB
TowerSHM_W_N12	2018/11/4 11:37	MATLAB Code	2 KB
TowerStressEva	2018/10/20 10:34	MATLAB Code	1 KB
TowerWindArea	2018/11/11 20:43	MATLAB Code	2 KB
TowerWindEVA	2018/10/18 18:33	MATLAB Code	4 KB
TowerWindEVA01	2018/11/11 11:52	MATLAB Code	3 KB
TowerWindSS	2018/11/11 12:04	MATLAB Code	3 KB
WindSim	2018/10/15 17:12	MATLAB Code	2 KB
WindSimFast	2018/11/6 17:37	MATLAB Code	2 KB

图 12-7　程序文件 TowerWindEVA01.m

表 12-3 给出核惠线逐塔评估结果，包括每基塔的平均临界风速、阵风临界风速、超越设计极限状态的近似概率和可靠度等级。可靠度等级为 1、2 时建议重建，为 3 时建议重建或加固，为 4 时建议加固，大于 4 时可不加固。

表 12-3　核惠线逐塔评估结果汇总表

塔位	杆塔型式	水平档距/m	垂直档距/m	转角	阵风临界风速/(m/s)	平均临界风速/(m/s)	超越设计极限状态的近似概率	可靠度等级	2018 中国南方电网风区基准风速/(m/s)	改造建议
N1	JD11-27	180		左转 13°37′	61	47	0.0023	6	41	可不加固
N2	ZB5-37.2	330	348/280		55	42	0.0081	4	41	加固
N3	JT21-27	303	75	左转 5°49′	61	51	0.0007	7	41	可不加固
N4	ZJ2-26.4	228	325	左转 5°9′	64	47	0.0023	6	41	可不加固
N5	ZB5-28.2	334	310		57	44	0.0051	4	41	加固
N6	ZB5-25.2	383	410		57	40	0.0125	3	41	重建或加固
N7	ZK-43	629	860		65	52	0.0005	7	41	可不加固
N8	ZJ2-35.4	806	790		57	57	0.0125	3	41	重建或加固
N9	ZB5-37.2	508	505		44	32	0.0494	1	41	重建
N10	ZB5-31.2/34.2	317	352		54	40	0.0125	3	41	重建或加固
N11	ZJ2-29.4	296	207	左转 7°16′	56	46	0.0030	5	41	可不加固

续表

塔位	杆塔型式	水平档距/m	垂直档距/m	转角	阵风临界风速/(m/s)	平均临界风速/(m/s)	超越设计极限状态的近似概率	可靠度等级	2018中国南方电网风区基准风速/(m/s)	改造建议
N12	ZB5-31.2	367	305		55	44	0.0051	4	41	加固
N13	ZB5-25.2	297	338		59	46	0.0030	5	41	可不加固
N14	ZB5-25.2/28.2	423	307		54	41	0.0101	3	41	重建或加固
N15	ZB5-25.2/28.2	474	350		49	37	0.0223	2	41	重建
N16	ZB5A-37.2/40.2	216	465		56	43	0.0065	4	41	加固
N17	ZB5A-37.2(40.2)	425	565		46	35	0.0313	2	41	重建
N18	ZK-48	486	355/315		65	49	0.0013	6	41	可不加固
N19	JT22-27	444	183	右转30°53′	60	49	0.0013	6	41	可不加固
N20	ZK-48/53	518	405/381		63	52	0.0005	7	41	可不加固
N21	ZB5-25.2/28.2	448	395		52	37	0.0223	2	41	重建
N22	ZK1-27.2	521	1315		65	48	0.0017	6	41	可不加固
N23	ZK-63/68	507	575		63	52	0.0005	7	41	可不加固
N24	JT21-24	537	35	右转11°21′	50	35	0.0313	2	41	重建
N25	ZK-43	663	810		65	51	0.0007	7	41	可不加固
N26	ZB5A-37.2/40.2	493	313		47	35	0.0313	2	41	重建
N27	ZB5-25.2/28.2	416	685		47	35	0.0313	2	41	重建
N28	ZJ2-35.4	599	395		57	44	0.0051	4	41	加固
N29	ZB5-25.2	500	760		45	36	0.0265	2	41	重建
N30	JT22-24	285	60	左转32°57′	61	49	0.0013	6	41	可不加固
N31	ZB5-28.2	354	305/260		56	45	0.0039	5	41	可不加固
N32	ZK-43	565	560		64	51	0.0007	7	41	可不加固
N33	ZB5A-37.2/40.2	420	360		48	36	0.0265	2	41	重建
N34	ZB5-25.2	339	250		55	42	0.0081	4	41	加固

续表

塔位	杆塔型式	水平档距/m	垂直档距/m	转角	阵风临界风速/(m/s)	平均临界风速/(m/s)	超越设计极限状态的近似概率	可靠度等级	2018 中国南方电网风区基准风速/(m/s)	改造建议
N35	ZK-48/53	716	860		64	50	0.0009	7	41	可不加固
N36	JT31-27	716	965	右转55°03′	60	45	0.0039	5	41	可不加固
N37	ZK-58	537	385/365		68	52	0.0005	7	41	可不加固
N38	ZB5A-37.2/40.2	487	560		46	31	0.0567	1	41	重建
N39	ZK-43	543	480		68	57	0.0001	7	41	可不加固
N40	ZB5A-37.2/40.2	452	375		47	33	0.0330	2	39	重建
N41	ZB5-25.2	451	380		49	36	0.0191	3	39	重建或加固
N42	ZK-48/53	634	1005		61	51	0.0003	7	39	可不加固
N43	ZJ2-35.4	542	470		56	42	0.0049	5	39	可不加固
N44	ZB5-25.2/28.2	377	375		53	40	0.0081	4	39	加固
N45	ZB5-28.2/31.2	313	215		56	43	0.0037	5	39	可不加固
N46	ZB5-28.2	361	410		58	43	0.0037	5	39	可不加固
N47	ZB5-31.2	372	290		55	42	0.0049	5	39	可不加固
N48	ZB7A-35	375	303/275		57	47	0.0011	7	39	可不加固
N49	JT21-24	441	556	右转15°28′	42	31	0.0454	1	39	重建
N50	ZB7A-38	403	360/335		57	45	0.0021	6	39	可不加固
N51	ZB7A-44	421	410		53	39	0.0102	3	39	重建或加固
N52	ZB5-37.2	470	490		50	38	0.0127	3	39	重建或加固
N53	ZB7A-38	443	390		59	43	0.0037	5	39	可不加固
N54	ZB7A-44	422	460		51	39	0.0102	3	39	重建或加固
N55	ZJ2-29.4	389	360	右转2°39′	57	44	0.0028	5	39	可不加固
N56	ZB7A-47	395	398		54	40	0.0081	4	39	加固
N57	ZB7A-41	411	462		53	43	0.0037	5	39	可不加固

塔位	杆塔型式	水平档距/m	垂直档距/m	转角	阵风临界风速/(m/s)	平均临界风速/(m/s)	超越设计极限状态的近似概率	可靠度等级	2018 中国南方电网风区基准风速/(m/s)	改造建议
N58	ZB7A-38	386	345		61	45	0.0021	6	39	可不加固
N59	ZJ2-32.4	348	302	左转7°44′	58	45	0.0021	6	39	可不加固
N60	ZB5-25.2/28.2	387	390		51	39	0.0102	3	39	重建或加固
N61	ZJ2-35.4	642	740		56	44	0.0028	5	39	可不加固
N62	ZK-43	578	550		62	51	0.0003	7	39	可不加固
N63	ZB5-31.2/34.2	402	310		55	39	0.0102	3	39	重建或加固
N64	ZJ2-26.4	323	435		66	51	0.0003	7	39	可不加固
N65	ZB5-31.2	350	410		61	43	0.0037	5	39	可不加固
N66	ZB5-37.2	507	330		47	36	0.0191	3	39	重建或加固
N67	ZB5A-37.2/40.2	434	585		50	35	0.0231	2	39	重建
N68	JT32-24	286	10	右转70°18′	51	39	0.0102	3	39	重建或加固
N69	ZB1-34.5	417	495		44	33	0.0330	2	39	重建
N70	ZB6-32/35	596	620		44	35	0.0231	2	39	重建
N71	JT22-24	537	460	右转46°11′	62	47	0.0011	7	39	可不加固
N72	JT32-27	456	285	左转64°53′	50	39	0.0102	3	39	重建或加固
N73	JT22-27	508	880	左转53°25′	58	47	0.0011	7	39	可不加固
N74	ZB1-25.5	453	360		48	33	0.0330	2	39	重建
N75	ZB1-25.5	302	350		49	37	0.0156	3	39	重建或加固
N76	ZB2-37.5	275	190		49	39	0.0062	4	37	加固
N77	ZJ3-27.5	314	235		58	46	0.0007	7	37	可不加固
N78	ZB1-25.5	241	375		50	41	0.0035	5	37	可不加固
N79	JT32-24	239	15	右转81°55′	49	37	0.0102	3	37	重建或加固
N80	ZB1-25.5	310	295		49	38	0.0080	4	37	加固

续表

塔位	杆塔型式	水平档距/m	垂直档距/m	转角	阵风临界风速/(m/s)	平均临界风速/(m/s)	超越设计极限状态的近似概率	可靠度等级	2018中国南方电网风区基准风速/(m/s)	改造建议
N81	ZB1-25.5	434	490		45	34	0.0197	3	37	重建或加固
N82	ZB1-25.5/28.5	355	285		45	35	0.0160	3	37	重建或加固
N83	ZB1-31.5	272	305		59	46	0.0007	7	37	可不加固
N84	ZB1-31.5	435	540		48	38	0.0080	4	37	加固
N85	ZB6-35	553	525		47	33	0.0241	2	37	重建
N86	ZB3-25.5	464	370		46	33	0.0241	2	37	重建
N87	ZB1-25.5	261	235		53	40	0.0047	5	37	可不加固
N88	ZB6-26	562	720		49	37	0.0102	3	37	重建或加固
N89	ZB3-25.5	497	830		45	33	0.0241	2	37	重建
N90	JT21-24	359	155	左转21°47′	48	36	0.0128	3	37	重建或加固
N91	ZB3-25.5	470	340		47	34	0.0197	3	37	重建或加固
N92	ZB2-37.5	426	295		52	34	0.0197	3	37	重建或加固
N93	ZJ3-30.5	362	695		50	39	0.0062	4	37	加固
N94	ZB1-31.5/34.5	258	237		50	37	0.0102	3	37	重建或加固
N95	ZB1-31.5	423	295		51	39	0.0062	4	37	加固
N96	JT22-27	419	438	右转34°46′	57	47	0.0005	7	37	可不加固
N97	ZB4-43.5	283	977		53	37	0.0102	3	37	重建或加固
N98	ZB1-25.5	427	635		41	28	0.0566	1	37	重建
N99	ZB2-43.5	441	575		38	27	0.0654	1	37	重建
N100	ZB3-31.5/34.5	467	455		46	29	0.0485	1	37	重建
N101	ZB6-35	608	480		48	31	0.0348	1	37	重建
N102	JT21-27	515	445	左转19°15′	55	47	0.0005	7	37	可不加固

续表

塔位	杆塔型式	水平档距/m	垂直档距/m	转角	阵风临界风速/(m/s)	平均临界风速/(m/s)	超越设计极限状态的近似概率	可靠度等级	2018中国南方电网风区基准风速/(m/s)	改造建议
N103	ZB1-34.5	361	235		46	34	0.0197	3	37	重建或加固
N104	ZB1-31.5	341	480		55	43	0.0019	6	37	可不加固
N105	ZB1-28.5	357	262		36	26	0.0751	1	37	重建
N106	ZB1-31.5/34.5	431	280		46	32	0.0291	2	37	重建
N107	ZB6-26	594	630		50	35	0.0160	3	37	重建或加固
N108	ZB1-25.5	387	650		43	32	0.0291	2	37	重建
N109	ZB1-31.5/34.5	306	435		46	34	0.0197	3	37	重建或加固
N110	JT22-27	309	100	左转52°58′	67	51	0.0001	7	37	可不加固
N111	ZB1-25.5	235	195		55	41	0.0035	5	37	可不加固
N112	ZB1-25.5	305	335		46	35	0.0160	3	37	重建或加固
N113	ZB1-31.5/34.5	344	595		44	32	0.0291	2	37	重建
N114	ZK-53	618	360		59	49	0.0002	7	37	可不加固
N115	JT32-27	344	359	右转70°38′	48	37	0.0102	3	37	重建或加固
N116	ZB2-46.5	153	539		52	40	0.0047	5	37	可不加固
N117	ZB6-32	457	970		46	35	0.0160	3	37	重建或加固
N118	ZB6-35	589	550		41	31	0.0348	1	37	重建
N119	ZB1-25.5/28.5	414	585		46	33	0.0241	2	37	重建
N120	ZB1-31.5	318	290		60	44	0.0014	6	37	可不加固
N121	JT21-27	229	80	左转25°05′	63	50	0.0001	7	37	可不加固
N122	ZB6-26	529	640		56	38	0.0080	4	37	加固
N123	ZB6-29	653	760		45	33	0.0241	2	37	重建
N124	ZB1-31.5/34.5	403	425		43	31	0.0348	1	37	重建

续表

塔位	杆塔型式	水平档距/m	垂直档距/m	转角	阵风临界风速/(m/s)	平均临界风速/(m/s)	超越设计极限状态的近似概率	可靠度等级	2018 中国南方电网风区基准风速/(m/s)	改造建议
N125	ZB1-34.5	387	290		45	32	0.0291	2	37	重建
N126	ZB1-25.5	313	410		49	36	0.0128	3	37	重建或加固
N127	ZJ3-27.5	202	195	右转 7°41′	59	46	0.0007	7	37	可不加固
N128	ZB1-25.5/28.5	248	205		54	41	0.0035	5	37	可不加固
N129	ZB1-25.5	279	240		51	40	0.0047	5	37	可不加固
N130	ZB1-25.5	215	270		53	43	0.0019	6	37	可不加固
N131	JD11-24	145	20	左转 37°35′	54	46	0.0007	7	37	可不加固

参 考 文 献

[1] Ozono S, Maeda J. In-plane dynamic interaction between a tower and conductors at lower frequencies[J]. Engineering Structures, 1992, 14(4): 210-216.

[2] Paluch M J, Cappellari T T O, Riera J D. Experimental and numerical assessment of EPS wind action on long span transmission line conductors[J]. Journal of Wind Engineering and Industrial Aerodynamics, 2007, 95(7): 473-492.

[3] 楼文娟, 孙炳楠. 风与结构的耦合作用及风振响应分析[J]. 工程力学, 2000, 19(5): 16-22.

[4] 郭勇, 孙炳楠, 叶尹, 等. 大跨越输电塔线体系风振响应频域分析及风振控制[J]. 空气动力学学报, 2009, 27(3): 288-295.

[5] 阎启, 李杰. 随机风场空间相干性研究[J]. 同济大学学报(自然科学版), 2011, 39(3): 333-339.

[6] 欧郁强, 范亚洲, 左太辉, 等. 强台风及风荷载下输电塔力学性能实测研究[J]. 工业建筑(增刊ⅱ), 2016.

[7] Dagher H J, Lu Q, Peyrot A H. Reliability of transmission structures including nonlinear effects[J]. Journal of Structural Engineering, 1998, 124(8): 966-973.

[8] Alam S M S, Natarajan B, Pahwa A. Agent based optimally weighted kalman consensus filter over a lossy network[C]//2015 IEEE Global Communications Conference(GLOBECOM), San Diego, 2015.

[9] Visweswara R G. Optimum designs for transmission line towers[J]. Computers & Structures, 1995, 57(1): 81-92.

[10] 石少卿, 童卫华, 姜节胜, 等. 极值型风荷载作用下大型结构可靠性分析[J]. 应用力学学报, 1997(4): 142-146.

[11] 马人乐, 肖阳. 风力发电塔基础设计研究优化[J]. 结构工程师, 2013, 29(2): 130-135.

[12] 张琳琳, 李杰. 风荷载作用下输电塔结构动力可靠度分析[J]. 福州大学学报(自然科学版), 2005, 33(S1): 36-41.

[13] 俞登科, 李正良, 李茂华, 等. 基于矩方法的特高压输电塔抗风可靠度分析[J]. 工程力学, 2013, 30(5): 311-316.

[14] 李宏男, 白海峰. 高压输电塔-线体系抗灾研究的现状与发展趋势[J]. 土木工程学报, 2007, 40(2): 39-46.

[15] 张卓群, 李宏男, 贡金鑫, 等. 输电线路一个耐张段的体系可靠度[J]. 电力建设, 2014, 35(5): 42-49.

[16] Cope A, Bai Q, Samdariya A, et al. Assessing the efficacy of stainless steel for bridge deck reinforcement under uncertainty using Monte Carlo simulation[J]. Structure and Infrastructure Engineering, 2013, 9(7): 14.

[17] Unanwa C O, Mcdonald J R, Mehta K C, et al. The development of wind damage bands for buildings[J]. Journal of Wind Engineering & Industrial Aerodynamics, 2000, 84(1): 119-149.

[18] Zhou S T, Li H G. The rackwitz-fiessler random space transformation method with variable dependence[J]. Engineering Mechanics, 2014, 31(10): 47-55, 61.

[19] Holmes W R. A practical guide to the probability density approximation (PDA) with improved implementation and error characterization[J]. Journal of Mathematical Psychology, 2015, 68-69: 13-24.

[20] Pinelli J P, Simiu E, Gurley K, et al. Hurricane damage prediction model for residential structures[J]. Journal of Structural Engineering, 2004, 130(11): 1685-1691.

[21] Khandur V P, Sharma C M. Wind pollination in Pinus roxburghii[J]. Progress in Natural Science, 2007, 17(1): 32-38.

[22] Henderson D J, Ginger J D. Vulnerability model of an Australian high-set house subjected to cyclonic wind loading[J]. Wind and Structures, 2007, 10(3): 269-285.

[23] Porter K A, Kiremidjian A S, LeGrue J S. Assembly-based vulnerability of buildings and its use in performance evaluation[J]. Earthquake Spectra, 2001, 17(2): 291-312.

[24] 申晓明, 谢慧才, 王英姿. 结构风灾经济损失模型在 GIS 中的应用[J]. 灾害学, 2002(3): 2-5.

[25] 郑小宇. 台风致低层民居易损性初步研究[D]. 重庆: 重庆大学, 2008.

[26] 鲁元兵, 楼文娟, 李焕龙. 输电导线不均匀脱冰的全过程模拟分析[J]. 振动与冲击, 2010, 29(9): 47-51, 81, 241.

[27] 孟遂民, 单鲁平. 输电线动力学分析中的找形研究[J]. 电网与清洁能源, 2009, 25(10): 43-47.

[28] 贾玉琢, 刘锐鹏, 李正琪. 覆冰输电架空导线初始构形研究[J]. 水电能源科学, 2011(1): 148-150.

[29] 祝贺, 王金岭, 裴延学. 修正 von-karman 谱输入的输电塔结构脉动风数值模拟[J]. 吉林电力, 2009, 37(5): 12-15.

[30] 裴延学, 祝贺. 基于 ACTS 风速预测模型的变电架构灾变特性数值模拟[J]. 东北电力大学学报, 2009, 29(4): 55-59.

[31] 祝贺, 徐建源. 基于多点卡曼谱输入的输电塔脉动风数值模拟[J]. 华东电力, 2008, 36(9): 18-21.

[32] 裴延学, 祝贺. 基于 ALE 法的输电塔-风流固耦合振动特性研究[J]. 东北电力大学学报, 2009, 29(6): 1-5.

[33] 祝贺, 姜武超, 米江. 覆冰拉线直流输电塔驰振结构动力特性分析[J]. 东北电力大学学报, 2011, 31(6).

[34] 祝贺. 输电塔结构风力功率谱随机振动分析[J]. 吉林电力, 2007, 35(2): 16-18.

[35] 贾玉琢, 祝贺. 基于湍流模型定制的风机塔架结构动力特性分析[J]. 中国电力, 2008, 41(11): 71-73.

[36] Davenport A G. The spectrum of horizontal gustiness near the ground in high winds[J]. Quarterly Journal of the Royal Meteorological Society, 1961, 87(372): 194-211.

[37] Kaimal J C. The effect of vertical line averaging on the spectra of temperature and heat-flux[J]. Quarterly Journal of the Royal Meteorological Society, 1968, 94(400): 149-155.

[38] 石沅, 陆威, 钟严. 上海地区台风结构特征研究[C]//第二届全国结构风效应学术会议论文集, 北京, 1988: 106-112.

[39] 田浦, 冯琳, 叶倩. 台风风谱的研究[C]//第二届全国结构风效应学术会议, 北京, 1988.

[40] von Karman T. Progress in the statistical theory of turbulence[J]. Proceedings of the National Academy of Sciences of the United States of America, 1948, 34(11): 530.

[41] Davenport A G. The prediction of the response of structures to gusty wind[J]. Safety of Structures under Dynamic Loading, 1977, 1: 257-284.

[42] Shiotani M, Iwatani Y. Horizontal space correlations of velocity fluctuations during strong winds[J]. Journal of the Meteorological Society of Japan, 1976, 54(1): 59-67.

[43] Krenk S. Wind field coherence and dynamic wind forces[C]//IUTAM Symposium on Advances in Nonlinear Stochastic Mechanics. Dordrecht: Springer, 1996: 269-278.

[44] 周文涛, 韩军科, 杨靖波, 等. 输电铁塔主材加固方法试验[J]. 电网与清洁能源, 2009(7): 25-29.

[45] 李振宝, 杨小强, 韩军科, 等. 双角钢十字组合截面偏心受压构件承载力试验研究[J]. 工程建设与设计, 2009(11): 15-18.

[46] 俞国音, 宋晓冰. 方管钢桁架的设计, 试验与工程应用[J]. 冶金工业部建筑研究总院院刊, 1995(4): 25-31.

[47] 谢强, 孙力, 张勇. 500kV 输电塔结构抗冰加固改造方法试验研究[J]. 中国电机工程学报, 2011, 31(16): 108-114.

[48] 蔡熠. M2 型自立输电铁塔增加横隔面补强后抗风能力分析[J]. 湖北电力, 2014(10): 40-43.